计算机前沿技术丛书

U0151160

ASP.NET Core
学习之旅

逐步构建自己的开发框架

刘俊繁 / 著

机械工业出版社
CHINA MACHINE PRESS

本书通过逐步构建一个完整的开发框架，帮助读者深入理解和掌握
ASP.NET Core 开发框架的核心概念和技术。本书以实际项目为基础，通
过逐步迭代的方式引导读者从零开始构建一个功能强大的开发框架。本书
不仅介绍了如何搭建项目结构、处理路由和中间件、使用依赖注入和配置
管理等关键技术，还介绍了如何处理身份验证和授权、使用数据库和
ORM、编写单元测试等实际开发中常见的问题和技术。本书配有读者交
流学习群，可扫描勒口二维码进群。相关代码可通过前言中的代码仓库地
址获得。

这是一本面向 ASP.NET Core 初学者和有一定经验的开发者的实用指
南。通过本书的学习，读者将获得一个全面的 ASP.NET Core 开发框架的
知识体系，并能够应用这些知识构建自己的 Web 应用程序。

图书在版编目（CIP）数据

ASP.NET Core 学习之旅：逐步构建自己的开发框架/刘俊繁著．—北京：
机械工业出版社，2024.4
（计算机前沿技术丛书）
ISBN 978-7-111-75329-2

Ⅰ.①A…　Ⅱ.①刘…　Ⅲ.①网页制作工具–程序设计　Ⅳ.①TP393.092.2

中国国家版本馆 CIP 数据核字（2024）第 054104 号

机械工业出版社（北京市百万庄大街 22 号　邮政编码 100037）
策划编辑：杨　源　　　　　责任编辑：杨　源
责任校对：李可意　张　薇　　责任印制：李　昂
北京捷迅佳彩印刷有限公司印刷
2024 年 4 月第 1 版第 1 次印刷
184mm×240mm · 18 印张 · 386 千字
标准书号：ISBN 978-7-111-75329-2
定价：109.00 元

电话服务　　　　　　　　　　网络服务
客服电话：010-88361066　　机　工　官　网：www.cmpbook.com
　　　　　010-88379833　　机　工　官　博：weibo.com/cmp1952
　　　　　010-68326294　　金　书　网：www.golden-book.com
封底无防伪标均为盗版　　机工教育服务网：www.cmpedu.com

前 言

欢迎阅读《ASP.NET Core 学习之旅：逐步构建自己的开发框架》！本书旨在帮助您深入了解和掌握 ASP.NET Core 开发框架，并通过逐步构建一个完整的开发框架来实践所学知识。

在当今的软件开发领域，ASP.NET Core 作为一个强大而灵活的开发框架，已成为许多开发者的首选。它提供了丰富的功能和工具，使开发者能够快速构建高性能、可扩展的应用程序。

本书的目标就是以简洁而实用的方式掌握 ASP.NET Core 的核心概念和技术。本书将通过代码仓库地址提供清晰的指导和丰富的示例代码，让您能够逐步理解和应用 ASP.NET Core 的各种特性。无论您是初学者，还是有一定经验的开发者，本书都将为您提供有价值的内容。

在本书的学习过程中，笔者将从零开始构建一个开发框架，并逐步引入各种功能和技术。除了基础知识和核心技术外，本书还将介绍一些最佳实践和常见的开发技巧，帮助您提升自己的开发能力。本书将分享一些经验教训和实用建议，以帮助您编写可维护、可测试和高质量的代码。

无论您是想从零开始学习 ASP.NET Core，还是希望加深对该框架的理解和应用，本书都将为您提供全面而深入的指导。笔者衷心希望，通过阅读本书，您能够享受学习和实践的过程，不断提升自己的技术能力，并在 ASP.NET Core 开发领域取得更大的成就。祝您阅读愉快，愿本书能够成为您在 ASP.NET Core 学习之旅中的良师益友！

代码仓库地址如下：

https://github.com/fanslead/LearnAspNetCore

https://github.com/Wheel-Framework/Wheel/tree/single-layer/backend/Wheel.WebApi.Host

目录 CONTENTS

前 言

第1章 CHAPTER.1　应用程序启动类——Startup　/　1

1.1　Startup 介绍　/　2

1.1.1　Startup 模板　/　2

1.1.2　WebApplication　/　3

1.2　扩展 Startup　/　4

1.2.1　浅谈 IStartupFilter 的应用场景　/　8

1.2.2　IHostingStartup　/　8

第2章 CHAPTER.2　ASP.NET Core 中的依赖注入　/　12

2.1　依赖注入概念　/　13

2.1.1　依赖注入的重要性　/　13

2.1.2　依赖关系解决哪些问题　/　13

2.2　探索 ASP.NET Core 中的依赖注入　/　14

2.2.1　生命周期　/　14

2.2.2　服务注册方法　/　17

2.2.3　服务注入　/　18

2.3　注意事项　/　19

第3章 CHAPTER.3　处理 HTTP 请求或响应的软件管道——中间件　/　21

3.1　中间件介绍　/　22

3.2　编写中间件　/　23

3.2.1　UseMiddleware　/　25

3.2.2　IMiddleware　/　27

3.2.3　基于约定的中间件和基于工厂的中间件的区别　/　29

3.3　中间件顺序　/　30

第 4 章　CHAPTER.4

托管应用程序的宿主环境——Host　/　31

4.1　Host 简介　/　32

4.1.1　Host 的作用　/　32

4.1.2　Host 的用法　/　32

4.2　Host 的常见用例　/　33

4.3　Web Host 和 Generic Host　/　33

4.4　WebApplication　/　34

第 5 章　CHAPTER.5

Web 服务器——Kestrel　/　36

5.1　Kestrel 简介　/　37

5.1.1　作为边缘服务器　/　37

5.1.2　反向代理服务器结合使用　/　37

5.2　Kestrel 的原理　/　37

5.3　Kestrel 与其他 Web 服务器的对比　/　38

5.4　Kestrel 配置指南　/　38

第 6 章　CHAPTER.6

ASP.NET Core 中的配置　/　41

6.1　配置简介　/　42

6.1.1　配置的重要功能　/　42

6.1.2　常用配置源　/　42

6.2　配置优先级　/　43

6.3　配置提供程序　/　46

6.3.1　MemoryConfigurationProvider 内存配置提供程序　/　47

6.3.2　FileConfigurationProvider 文件配置提供程序　/　48

6.3.3　自定义配置提供程序　/　49

6.4　配置绑定　/　57

第 7 章 CHAPTER.7

Options / 59

7.1 Options 概述 / 60

7.2 Options 使用方式 / 60

　7.2.1 定义 Options 类 / 60

　7.2.2 注册 Options / 61

　7.2.3 使用 Options / 61

7.3 IOptions、IOptionsSnapshot 和 IOptionsMonitor / 62

7.4 IConfigureNamedOptions、OptionsBuilder 和 IValidateOptions / 65

第 8 章 CHAPTER.8

ASP.NET Core 中的日志 / 68

8.1 日志配置 / 69

8.2 日志类别级别 / 74

8.3 日志记录提供程序 / 75

8.4 日志使用方式 / 76

8.5 日志使用场景 / 76

第 9 章 CHAPTER.9

ASP.NET Core 中的路由 / 77

9.1 基本示例 / 78

9.2 UseRouting 和 UseEndpoints / 78

9.3 路由基本原理 / 78

9.4 路由模板 / 79

9.5 路由参数 / 80

　9.5.1 属性路由 / 80

　9.5.2 参数路由 / 81

9.6 路由约束 / 81

第 10 章 CHAPTER.10

ASP.NET Core 中的异常处理 / 86

10.1 异常处理介绍 / 87

　10.1.1 什么是异常处理 / 87

　10.1.2 异常处理的重要性 / 87

10.2 异常处理方式 / 88

    10.2.1 TryCatch / 88

    10.2.2 开发人员异常页 / 89

    10.2.3 异常处理程序页 / 90

    10.2.4 自定义异常处理程序页 / 92

第11章 CHAPTER.11 发送 Http 请求——HttpClient / 96

11.1 HttpClient 的基本用法 / 97

11.2 HttpClientFactory 的介绍 / 98

11.3 HttpClientFactory 的高级用法 / 100

    11.3.1 命名 HttpClient / 100

    11.3.2 Typed HttpClient / 101

第12章 CHAPTER.12 ASP.NET Core 中的实时应用 / 104

12.1 关于 ASP.NET Core SignalR 的介绍 / 105

    12.1.1 什么是 ASP.NET Core SignalR / 105

    12.1.2 SignalR 的优势和用途 / 105

12.2 SignalR 基础知识 / 106

12.3 SignalR 架构和工作原理 / 106

12.4 使用 SignalR 构建实时应用程序 / 107

    12.4.1 创建项目 / 107

    12.4.2 测试 / 108

第13章 CHAPTER.13 数据库 ORM——EF Core / 110

13.1 安装 EF Core / 111

13.2 定义模型类 / 111

13.3 创建数据库上下文 / 112

13.4 进行数据库迁移 / 112

13.5 进行数据库操作 / 114

    13.5.1 添加新产品 / 115

    13.5.2 查询产品列表 / 116

13.5.3 更新产品 / 116

13.5.4 删除产品 / 117

第 14 章 CHAPTER.14
搭建项目 / 119

14.1 环境搭建 / 120

14.1.1 Dotnet 8 SDK / 120

14.1.2 Visual Studio 2022 预览版 / 120

14.2 创建项目 / 120

14.2.1 创建空白解决方案 / 121

14.2.2 创建 ASP.NET Core 空项目 / 121

第 15 章 CHAPTER.15
基础设施初步建设 / 123

15.1 自动依赖注入 / 124

15.1.1 技术选型 / 124

15.1.2 生命周期接口 / 125

15.1.3 集成 Autofac / 125

15.2 日志 / 127

15.2.1 技术选型 / 127

15.2.2 集成 Serilog / 128

15.3 统一业务异常处理 / 129

15.3.1 自定义业务异常类 / 129

15.3.2 约定错误码 / 130

15.3.3 UseExceptionHandler / 130

15.4 统一请求响应格式 / 131

15.4.1 响应基类 / 131

15.4.2 分页基类 / 132

15.5 缓存 / 133

15.5.1 缓存介绍 / 133

15.5.2 缓存的基本用法 / 134

15.6 ORM 集成 / 138

15.6.1 安装包 / 138

15.6.2 DbContext / 138

15.6.3　封装 Repository　/　139

15.6.4　工作单元 UOW　/　148

15.6.5　EF 拦截器　/　151

第 16 章　CHAPTER.16　用户角色体系及权限　/　154

16.1　集成 ASP.NET Core Identity　/　155

16.1.1　安装包　/　155

16.1.2　创建实体　/　155

16.1.3　修改 DbContext 与配置表结构　/　156

16.1.4　执行数据库迁移命令　/　158

16.1.5　配置 Identity　/　159

16.2　自定义授权策略　/　162

16.2.1　权限检查接口定义　/　162

16.2.2　实现 AuthorizationHandler　/　163

16.2.3　实现 AuthorizationPolicyProvider　/　164

16.2.4　实现权限检查接口　/　165

16.2.5　创建抽象基类　/　166

16.3　权限管理　/　168

16.3.1　表设计　/　168

16.3.2　修改 DbContext 与配置表结构　/　168

16.3.3　实现权限管理　/　169

16.3.4　测试 API　/　174

16.4　角色用户管理　/　175

16.4.1　实现 RoleManageAppService　/　175

16.4.2　实现 RoleManageController　/　177

16.4.3　实现 UserManageAppService　/　178

16.4.4　实现 UserManageController　/　180

第 17 章　CHAPTER.17　多语言及菜单管理实现　/　182

17.1　多语言管理　/　183

17.1.1　创建表实体　/　183

17.1.2　修改 DbContext 与配置表结构　/　183

17.1.3 实现 EF 多语言 / 184

17.1.4 启用多语言 / 188

17.1.5 多语言管理 API 实现 / 189

17.2 菜单管理 / 196

17.2.1 设计菜单结构 / 196

17.2.2 修改 DbContext 与配置表结构 / 197

17.2.3 实现菜单管理 / 198

第 18 章
CHAPTER.18

完善基础设施 / 204

18.1 EventBus / 205

18.1.1 技术选型 / 205

18.1.2 定义接口 / 205

18.1.3 实现 LocalEventBus / 206

18.1.4 实现 DistributedEventBus / 208

18.1.5 启用 EventBus / 213

18.1.6 测试效果 / 213

18.2 消息实时推送 / 217

18.2.1 技术选型 / 217

18.2.2 NotificationHub 消息通知集线器 / 218

18.2.3 约定消息通知结构 / 218

18.2.4 自定义 UserIdProvider / 219

18.2.5 配置 SignalR / 220

18.2.6 配合 EventBus 进行推送 / 220

18.3 种子数据 / 224

18.3.1 种子数据接口 / 224

18.3.2 DataSeederExtensions / 225

18.3.3 实现种子数据 / 225

18.4 集成 GraphQL / 230

18.4.1 对比 GraphQL 和 WebApi / 230

18.4.2 集成 HotChocolate. AspNetCore / 231

18.4.3 实现 QueryType / 232

18.4.4 添加授权 / 234

18.4.5 集成现有 Service / 236

第 19 章 CHAPTER.19

实现设置管理与文件管理 / 239

19.1　设置管理 / 240

19.1.1　设计结构 / 240

19.1.2　修改 DbContext 与配置表结构 / 242

19.1.3　实现 SettingManager / 243

19.1.4　设置定义 / 248

19.1.5　SettingManage / 249

19.1.6　SettingProvider / 253

19.1.7　UpdateSettingEvent / 257

19.1.8　测试 / 258

19.2　文件管理 / 259

19.2.1　数据库设计 / 259

19.2.2　修改 DbContext 与配置表结构 / 261

19.2.3　FileStorageProvider / 262

19.2.4　实现 FileProviderSettingDefinition 文件上传设置定义 / 262

19.2.5　实现 MinioFileStorageProvider 文件上传提供程序 / 262

19.2.6　FileStorageManage / 266

19.2.7　测试 / 271

第 20 章 CHAPTER.20

单层应用总结 / 274

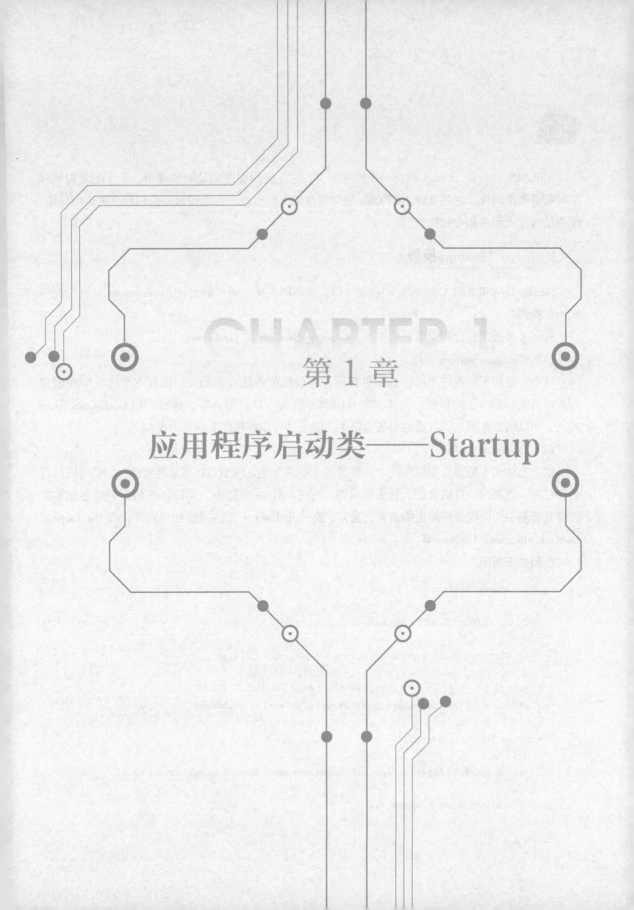

第 1 章

应用程序启动类——Startup

1.1 Startup 介绍

ASP.NET Core 的 Startup 类是一个特殊的类，它在应用程序启动时被调用，用于配置应用程序的服务和中间件。它是 ASP.NET Core 应用程序的入口点之一，负责设置应用程序的运行环境、配置依赖注入服务和中间件管道。

▶▶ 1.1.1 Startup 模板

Startup 是 ASP.NET Core 的应用启动入口。在.NET5 及之前一般会使用 startup.cs 类进行程序初始化构造。

Startup 类通常包含两个重要的方法：ConfigureServices 和 Configure。

（1）ConfigureServices 方法

这个方法用于配置应用程序的服务容器，也就是依赖注入容器。可以在这个方法中注册应用程序所需的服务，如数据库上下文、身份验证服务、日志服务等。通过调用 ConfigureServices 方法，可以将服务添加到内置的服务容器中，以便在应用程序的其他部分使用。

（2）Configure 方法

这个方法用于配置应用程序的中间件管道。中间件是处理 HTTP 请求的组件，它们可以执行各种任务，如路由、身份验证、日志记录等。在 Configure 方法中，可以按照特定的顺序添加中间件到管道中，以便处理传入的请求。通常，会使用 UseXxx 方法来添加中间件，如 UseRouting、UseAuthentication、UseMvc 等。

代码如下所示：

```
public class Startup
{
  public Startup(IConfiguration configuration)
    {
        Configuration = configuration;
    }
    public IConfiguration Configuration { get; }
    public void ConfigureServices(IServiceCollection services)
    {
services.AddRazorPages();
    }
    public void Configure(IApplicationBuilder app, IWebHostEnvironment env)
    {
        if (env.IsDevelopment())
        {
```

```
app.UseDeveloperExceptionPage();
        }
        else
        {
app.UseExceptionHandler("/Error");
app.UseHsts();
        }
app.UseHttpsRedirection();
app.UseStaticFiles();
app.UseRouting();
app.UseAuthorization();
app.UseEndpoints(endpoints =>
        {
endpoints.MapRazorPages();
        });
    }
}
```

在 Program 中使用 IHostBuilder 构造 Host 程序：

```
public class Program
{
    public static void Main(string[] args)
    {
CreateHostBuilder(args).Build().Run();
    }
    public static IHostBuilderCreateHostBuilder(string[] args) =>
Host.CreateDefaultBuilder(args)
        .ConfigureWebHostDefaults(webBuilder =>
        {
webBuilder.UseStartup<Startup>();
        });
}
```

▶▶ 1.1.2　WebApplication

在.NET5 之后的版本中，简化了这一操作（当然也可以继续保留这种方式），可以直接在 Program 的程序入口 Main 函数中直接构造配置自己的 Startup，或者直接使用顶级语句的方式，在 Program 类中直接编写。

```
var builder =WebApplication.CreateBuilder(args);
// 将服务添加到容器中
builder.Services.AddRazorPages();
builder.Services.AddControllersWithViews();
```

```
var app = builder.Build();
// 配置 HTTP 请求管道
if (!app.Environment.IsDevelopment())
{
app.UseExceptionHandler("/Error");
app.UseHsts();
}
app.UseHttpsRedirection();
app.UseStaticFiles();
app.UseAuthorization();
app.MapGet("/hi", () => "Hello!");
app.MapDefaultControllerRoute();
app.MapRazorPages();
app.Run();
```

对比之下，很容易发现，其中在 var app = builder.Build()；之前的代码是应用的初始化，如依赖注入、配置加载等操作，相当于 Startup.cs 中的 ConfigureServices 方法。

下面的操作就是中间件配置，对应 Startup.cs 中的 Configure 方法。

同时可以发现，在新版的中间件配置中，少了 UseRouting 和 UseEndpoints 用来注册路由的中间件，是因为使用最小托管模型时，终结点路由中间件会包装整个中间件管道，因此无须显式调用 UseRouting 或 UseEndpoints 来注册路由。UseRouting 仍可用于指定路由匹配的位置，但如果在中间件管道开头匹配路由，则无须显式调用 UseRouting。就相当于：

```
app.MapRazorPages();
app.UseRouting();
app.UseEndpoints(endpoints =>
  {
endpoints.MapRazorPages();
  });
```

1.2 扩展 Startup

在 ASP.NET Core 中有一个 IStartupFilter 的接口，用于扩展 Startup。IStartupFilter 在不显式注册默认中间件的情况下，将默认值添加到管道的开头。

IStartupFilter 实现 Configure，即接收并返回 Action <IApplicationBuilder>。IApplicationBuilder 定义用于配置应用请求管道的类。

每个 IStartupFilter 可以在请求管道中添加一个或多个中间件。筛选器按照添加到服务容器的顺序调用。筛选器可在将控件传递给下一个筛选器之前或之后添加中间件，从而附加到应用管道的开头或末尾。

来实践一下，首先创建一个空的 **Asp.Net Core** 模板，只有一个 **Program** 文件，如图 1-1 所示。

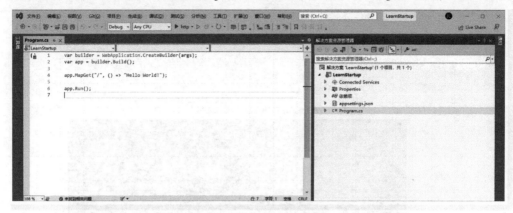

● 图 1-1

再来添加一个 **IStartupFilter** 的实现，只用于控制台输出执行内容。

```csharp
using Microsoft.AspNetCore.Hosting;
namespace LearnStartup
{
    public class StartupFilterOne : IStartupFilter
    {
        public Action<IApplicationBuilder> Configure(Action<IApplicationBuilder> next)
        {
            return builder =>
            {
                builder.Use(async (httpContext, _next) =>
                {
                    Console.WriteLine("-----StartupFilterOne-----");
                    await _next(httpContext);
                });
                next(builder);
            };
        }
    }
}
```

在 **Program** 中添加一行代码注册 **StartupFilterOne**。

```csharp
usingLearnStartup;
var builder = WebApplication.CreateBuilder(args);
builder.Services.AddTransient<IStartupFilter, StartupFilterOne>(); //注入 StartupFilterOne
var app = builder.Build();
```

```
app.MapGet("/", () => "Hello World!");
app.Run();
```

启动程序，可以看到如下结果，中间件正常执行，如图 1-2 所示。

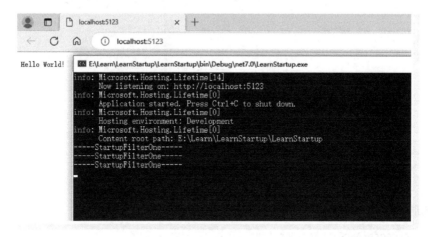

● 图 1-2

当有多个 IStartupFilter 时，怎样控制中间件执行顺序呢？其实跟我们注入的顺序有关。新增一个 StartupFilterTwo，再修改一下 Program。

```
using LearnStartup;
var builder = WebApplication.CreateBuilder(args);
builder.Services.AddTransient<IStartupFilter, StartupFilterTwo>();
builder.Services.AddTransient<IStartupFilter, StartupFilterOne>();
var app = builder.Build();
app.MapGet("/", () => "Hello World!");
app.Run();
```

可以看到是先执行 StartupFilterTwo 中的中间件，然后执行 StartupFilterOne 的中间件，如图 1-3 所示。

以上写法都是把中间件注册在中间件管道头部，那么如何让它在尾部执行呢？

在 IStartupFilter.Configure（Action<IApplicationBuilder> next）中的参数 next，其实就是 Startup 中的 Configure（感兴趣的读者可以通过源码查看），只要调整 next 的执行顺序即可。

调整一下 StartupFilterTwo 的代码。

```
public class StartupFilterTwo :IStartupFilter
    {
        public Action<IApplicationBuilder>
Configure(Action<IApplicationBuilder> next)
        {
```

```
        return builder =>
        {
            next(builder);
builder.Use(async (httpContext, _next) =>
            {
Console.WriteLine("-----StartupFilterTwo-----");
                await _next(httpContext);
            });
        };
    }
}
```

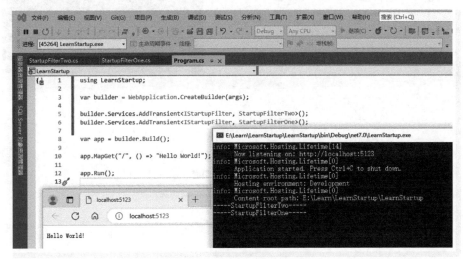

● 图 1-3

将 next（builder）放在前面执行，来看看效果，如图 1-4 所示。

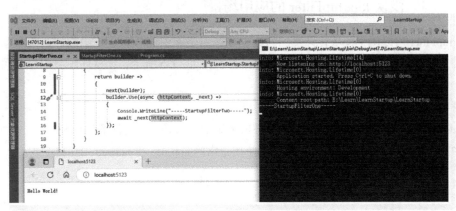

● 图 1-4

此时，发现 StartupFilterTwo 并没有执行，那是因为 app. MapGet（"/"，（）= > " Hello World!");是一个终结点中间件，而 StartupFilterTwo 注册到了中间件末尾，执行到这个中间件时就直接返回，没有继续执行下一个中间件。

当修改 Url 路径为/test 时，没有匹配到 HelloWorld 的中间件，StartupFilterTwo 中的内容成功输出（指程序显示的内容），如图 1-5 所示。

● 图 1-5

▶▶ 1.2.1　浅谈 IStartupFilter 的应用场景

IStartupFilter 可以用于模块化开发的方案，在各自类库中加载对应的中间件。请求管道头部做一些请求的校验或数据处理。在请求管道尾部时，如图 1-5 所示，无法匹配到路由，可以做哪些处理，如跳转到指定页面。

注意事项：

IStartupFilter 只能注册在中间件管道头部或者尾部，请确保中间件的使用顺序。

若中间件需要在管道中间插入使用，请使用正常的 app.use 在 Startup 中正确配置。

▶▶ 1.2.2　IHostingStartup

可在启动时从应用的 Program.cs 文件之外的外部程序集向应用添加增强功能，比如一些 0 代码侵入的扩展服务，在 SkyApm 中的 .Net 实现就是基于这种方式。

新建一个 StartupHostLib 类库，添加一下 Microsoft.AspNetCore.Hosting 的 nuget 包，然后新增一个 Startup 类库实现 IHostingStartup。

注意，必须添加标记［assembly：HostingStartup（typeof（LearnStartup.OneHostingStartup））］，否则无法识别 HostingStartup。

```
using Microsoft.AspNetCore.Hosting;
[assembly: HostingStartup(typeof(LearnStartup.OneHostingStartup))]
namespace StartupHostLib
{
    public class OneHostingStartup : IHostingStartup
    {
        public void Configure(IWebHostBuilder builder)
        {
builder.ConfigureAppConfiguration((config) =>
            {
Console.WriteLine("ConfigureAppConfiguration");
            });
builder.ConfigureServices(services =>
            {
Console.WriteLine("ConfigureServices");
            });
builder.Configure(app =>
            {
Console.WriteLine("Configure");
            });
        }
    }
}
```

在 LearnStartup 中引用项目，并在 launchSettings 的环境变量中添加 "ASPNETCORE_HOSTING-STARTUPASSEMBLIES"："StartupHostLib" 然后启动项目，如图 1-6 所示。

这里可以发现，HostingStartup 的执行顺序是优于应用的。

这时会出现一个问题，即原本的 HelloWorld 中间件消失了，但是依赖注入加载的中间件依旧生效。注释 builder.Configure 方法之后再启动程序，如图 1-7 所示。

```
public void Configure(IWebHostBuilder builder)
{
builder.ConfigureAppConfiguration((config) =>
    {
Console.WriteLine("ConfigureAppConfiguration");
    });
builder.ConfigureServices(services =>
```

```
    {
Console.WriteLine("ConfigureServices");
    });
    //builder.Configure(app =>
    //{
    //    Console.WriteLine("Configure");
    //});
}
```

● 图 1-6

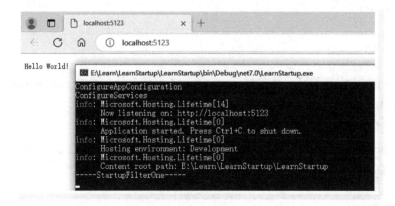

● 图 1-7

　　可以发现，应用中间件正常了，说明 HostingStartup 中配置中间件和应用的中间件配置冲突，并覆盖了应用中间件。

　　我们将 StartupFilterOne 和 StartupFilterTwo 放到 OneHostingStartup 中去配置依赖注入，再次启

动项目观察，如图 1-8 所示。

```
public void Configure(IWebHostBuilder builder)
{
builder.ConfigureAppConfiguration((config) =>
    {
Console.WriteLine("ConfigureAppConfiguration");
    });
builder.ConfigureServices(services =>
    {
services.AddTransient<IStartupFilter, StartupFilterTwo>();
services.AddTransient<IStartupFilter, StartupFilterOne>();
Console.WriteLine("ConfigureServices");
    });
    //builder.Configure(app =>
    //{
    //    Console.WriteLine("Configure");
    //});
}
```

• 图 1-8

可以发现，依赖注入中加载的中间件是生效的。

浅谈 IHostingStartup 应用场景，由上面的表现可以发现：

1）IHostingStartup 执行顺序优于应用执行顺序。

2）IHostingStartup 中配置中间件管道会覆盖应用中间件管道。

3）依赖注入中 IStartupFilter 配置中间件可以正常使用，不覆盖应用中间件。

所以使用 HostingStartup 的场景可以为：

1）对代码 0 侵入的场景，比如 AOP 数据收集（如 SkyApm）。

2）没有中间件的场景或符合 IStartupFilter 中间件的场景。

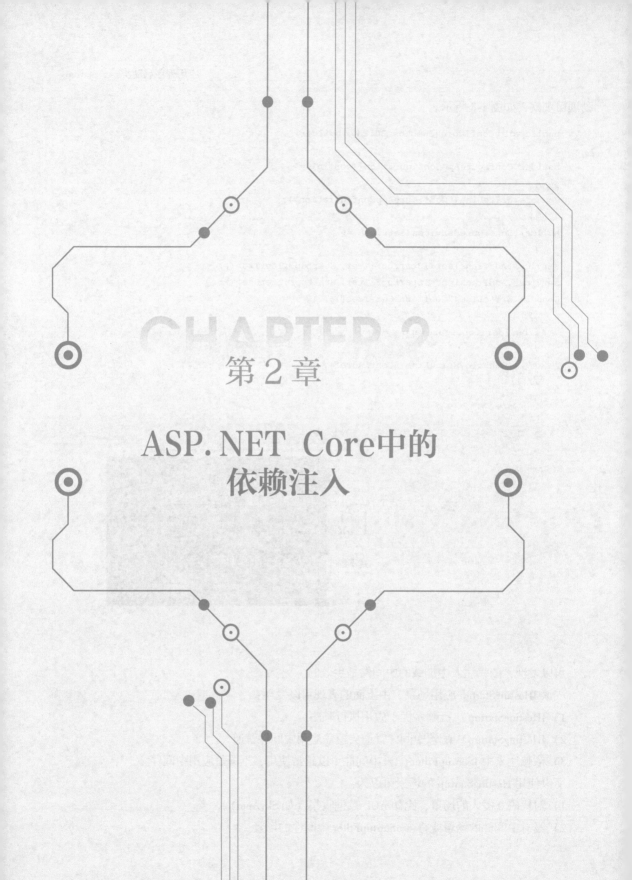

第 2 章

ASP. NET Core中的
依赖注入

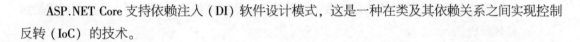

ASP.NET Core 支持依赖注入（DI）软件设计模式，这是一种在类及其依赖关系之间实现控制反转（IoC）的技术。

2.1 依赖注入概念

依赖注入（Dependency Injection，DI）是一种软件设计模式，用于解耦组件之间的依赖关系。它通过将依赖关系的创建和管理责任从使用者转移到外部的依赖注入容器中，从而实现组件之间的松耦合。

在传统的编程模式中，一个组件通常会直接创建和管理它所依赖的其他组件。这种紧耦合的设计会导致代码难以维护、测试困难以及可扩展性差的问题。而依赖注入通过将依赖关系的创建和管理交给外部容器来处理，使得组件之间的关系更加灵活和可配置。

▶▶ 2.1.1 依赖注入的重要性

依赖注入的重要性体现在以下几个方面：

- 解耦和模块化：依赖注入将组件之间的依赖关系从代码中解耦出来，使得每个组件都可以独立开发、测试和维护。这样可以提高代码的可读性、可维护性和可扩展性，同时也方便进行模块化开发。
- 可测试性：通过依赖注入，可以将组件的依赖关系替换为测试时的模拟对象，从而方便进行单元测试和集成测试。这样可以更容易地对组件进行测试，提高软件的质量和稳定性。
- 可配置性：依赖注入容器可以根据配置文件或者其他外部配置来创建和管理组件的依赖关系。这使得应用程序的行为可以在不修改代码的情况下进行配置和修改，提高了应用程序的可配置性和灵活性。
- 可复用性：通过依赖注入，可以将通用的组件和依赖关系抽象出来，使得它们可以在不同的应用程序中被复用。这样可以减少重复开发的工作量，提高开发效率。

依赖注入是一种重要的软件设计模式，它可以提高代码的可维护性、可测试性和可配置性，同时也促进了代码的模块化和可复用性。

▶▶ 2.1.2 依赖关系解决哪些问题

按照官方文档的描述，依赖关系注入通过以下方式解决了这些问题：

- 使用接口或基类将依赖关系实现抽象化。
- 在服务容器中注册依赖关系。ASP.NET Core 提供了一个内置的服务容器 IServiceProvider。服务通常已在应用的 Program.cs 文件中注册。

- 将服务注入使用它的类的构造函数中。框架负责创建依赖关系的实例，并在不再需要时将其释放。

2.2 探索 ASP.NET Core 中的依赖注入

接下来从依赖注入的生命周期、注册方法，以及注入方式来探索 ASP.NET Core 的依赖注入。

▶▶ 2.2.1 生命周期

在 ASP.NET Core 中，依赖注入有 3 个生命周期，分别为 Singleton（单例）、Scoped（范围）、Transient（瞬态）。

- Singleton（单例）很好理解，就是一个单例模式，在整个应用的生命周期中只会初始化一次。
- Scoped（范围）是指每一次请求中实例化一次。
- Transient（瞬态）是指每次使用都是一个新的实例化对象。

注入方式分别如下：

```
services.AddSingleton(); //单例
services.AddScoped(); //范围
services.AddTransient(); //瞬态
```

接下来用 VS 新建一个 WebApi 项目，然后添加 3 个类，对应 3 个生命周期。

```
public class TestTransient
{
    public TestTransient()
    {
        Id = Guid.NewGuid();
    }
    public Guid Id { get; set; }
}

public class TestSingleton
{
    public TestSingleton()
    {
        Id = Guid.NewGuid();
    }
    public Guid Id { get; set; }
}
```

```
public class TestScoped
{
    public TestScoped()
    {
        Id = Guid.NewGuid();
    }
    public Guid Id { get; set; }
}
```

然后在 Program 中添加注入，这里编者没用接口注入，而是直接注入类，也可以使用接口注入的方式。

```
builder.Services.AddSingleton<TestSingleton>();
builder.Services.AddScoped<TestScoped>();
builder.Services.AddTransient<TestTransient>();
```

接下来在控制器中通过构造函数注入 3 个类。

```
private readonly ILogger<WeatherForecastController> _logger;
private readonly TestScoped _testScoped;
private readonly TestSingleton _testSingleton;
private readonly TestTransient _testTransient;
public WeatherForecastController(ILogger<WeatherForecastController> logger, TestScope-
dtestScoped, TestSingletontestSingleton, TestTransienttestTransient)
{
    _logger = logger;
    _testScoped = testScoped;
    _testSingleton = testSingleton;
    _testTransient = testTransient;
}
```

在调用 Get 方法中打印 Id。

第一次请求，如图 2-1 所示。

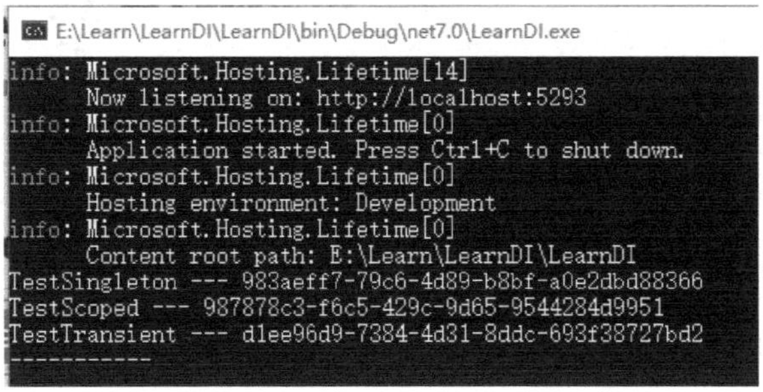

• 图 2-1

第二、第三次请求，如图 2-2 所示。

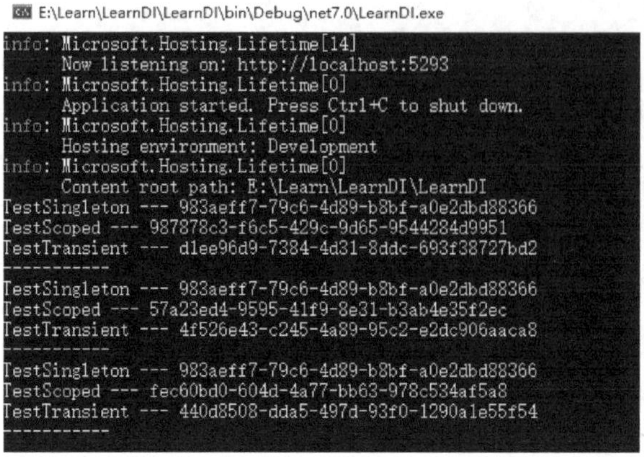

● 图 2-2

可以看到单例的 Id 每次请求都是一致的，而范围和瞬态的 Id 在不同请求中都不一样。

那么如何区别 Scoped 和 Transient 呢？很简单，用一个简单的中间件，分别注入并打印对应 Id。再进行测试，结果如图 2-3 所示。

```
app.Use(async (httpContext, next) =>
{
    var scoped = httpContext.RequestServices.GetRequiredService<TestScoped>();
    var transient = httpContext.RequestServices.GetRequiredService<TestTransient>();
Console.WriteLine($"Middleware scoped: {scoped.Id}");
Console.WriteLine($"Middleware transient: {transient.Id}");
    await next(httpContext);
});
```

可以看到，在一次请求中 Scoped 的 Id 是一致的，Transient 的 Id 则每次都不一样。

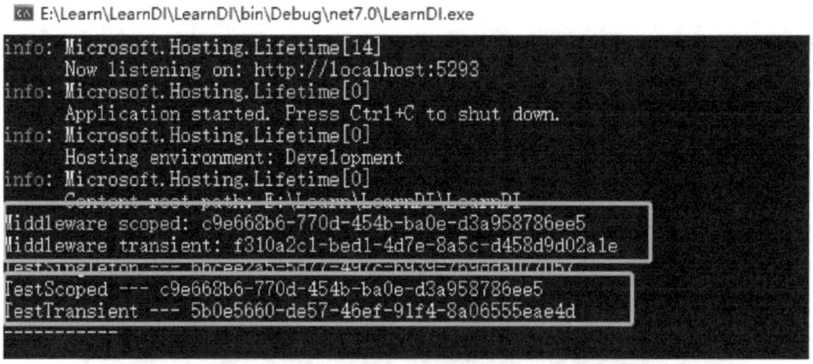

● 图 2-3

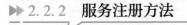

2.2.2　服务注册方法

前面只是用了其中一种注册方法，就是直接注册类。

除此之外，还可以通过接口注入。比如添加一个 IScopedDependency 的接口，接着新建一个 TestAbcScoped 继承 IScopedDependency，然后在 Program 中添加注入。

```
builder.Services.AddScoped<IScopedDependency, TestAbcScoped>();
```

之后在构造器中使用 IScopedDependency 注入，则会自动获得 TestAbcScoped 的实现实例。

通过 Debug 监视，可以发现 IScopedDependency 注入的实例确实是 TestAbcScoped，如图 2-4 所示。

```
21          public WeatherForecastController(ILogger<WeatherForecastController> logger,
22              TestScoped testScoped, TestSingleton testSingleton, TestTransient testTransient,
23              IScopedDependency scopedDependency)
24          {
25              _logger = logger;
26              _testScoped = testScoped;
27              _testSingleton = testSingleton;
28              _testTransient = testTransient;
29              _scopedDependency = scopedDependency;
30          }
31
32          [HttpGet(Name = "GetWeatherForecast")]
```

名称	值
scopedDependency	{LearnDI.TestAbcScoped}

● 图 2-4

当注册同一个接口的多个实现时，默认取最后一次注入的实例，当需要获取全部接口的实现时，可以通过注入 IEnumerable<interface>获取该接口的所有实现。

这里增加一个 IScopedDependency 的实现：

```
public class TestAbcScoped :IScopedDependency
{
}
public class TestAbcdScoped : IScopedDependency
{
}
```

注册顺序为：

```
builder.Services.AddScoped<IScopedDependency, TestAbcScoped>();
builder.Services.AddScoped<IScopedDependency, TestAbcdScoped>();
```

如图 2-5 所示，单个注入会获取后注入的实例，**IEnumerable** 注入则会获取所有的实例。

● 图 2-5

注意：除此之外，还有 **TryAddXXX** 的方法，注册服务时，如果还没有添加相同类型的实例，就添加一个实例。

服务注册通常与顺序无关，除了注册同一类型的多个实现时。

▶▶ 2.2.3 服务注入

前面实操时所用的注入方法都是构造器注入，这也是官方推荐的注入方式。

除此之外，还可以使用 IServiceProvider 获取服务，前面中间件所用到的 HttpContext.Request-Service 本质是一个 IServiceProvider 实例。

三方框架加持注入功能，**ASP.NET Core** 的注入方式有限，可以使用 Autofac 来增强。

使用 Autofac 之后可以支持属性注入，即无须在构造器中添加，只需要构造对应的属性即可。属性注入和构造器注入的优缺点对比如下。

- 构造器注入可以清晰地看出我们所有注入的实例，对于协作和沟通有比较大的帮助。但若注入的东西太多，会导致一个很庞大的构造器，当然官方的建议是，当存在那么多的注入的时候，就需要考虑拆分业务了。

- 属性注入则只需要通过构造一个属性，系统自动注入，缺点是没有构造器清晰辨别。毕竟不容易区分哪些属性是注入的，哪些是业务赋值的。

在考虑到继承方面时，有时候属性注入会比构造器注入合适，比如在基类中，往往可以注入通用的服务，这样在子类的构造器中就无须再次注入该服务。

2.3 注意事项

在使用依赖注入的时候，最好要明确每个服务的生命周期，在长生命周期的服务中，切勿注入短生命周期的服务。如在单例中注入范围服务或瞬时服务，在范围服务中注入瞬时服务。否则会出现对象已被释放的情况。

在新版本中，单例里面注入范围服务，程序会自动检测并提示异常，如图 2-6 所示。但是在旧版本中是没有提示的，这点需要注意。

● 图 2-6

如何在单例中使用 Scoped 范围服务呢，可以使用 IServiceScopeFactory，IServiceScopeFactory 始终注册为单例实例，通过 IServiceScopeFactory 创建一个 Scope 生命周期。

```
public class TestSingleton
{
    private readonlyIServiceScopeFactory _serviceScopeFactory;
    public TestSingleton(IServiceScopeFactoryserviceScopeFactory)
    {
        _serviceScopeFactory = serviceScopeFactory;
        Id = Guid.NewGuid();
    }
```

```
public Guid Id { get; set; }
public void Console()
{
    using(var scope = _serviceScopeFactory.CreateScope())
    {
        var testScoped =
scope.ServiceProvider.GetRequiredService<TestScoped>();
System.Console.WriteLine($"TestSingleton - TestScoped: {testScoped.Id}");
    }
}
}
```

再次启动服务，且发出请求可以看到如图 2-7 所示，CreateScope 后，生成的 Id 也是跟请求中的 Scoped 不一样的，因为它们属于不同的 Scoped。

```
E:\Learn\LearnDI\LearnDI\bin\Debug\net7.0\LearnDI.exe
info: Microsoft.Hosting.Lifetime[14]
      Now listening on: http://localhost:5293
info: Microsoft.Hosting.Lifetime[0]
      Application started. Press Ctrl+C to shut down.
info: Microsoft.Hosting.Lifetime[0]
      Hosting environment: Development
info: Microsoft.Hosting.Lifetime[0]
      Content root path: E:\Learn\LearnDI\LearnDI
Middleware scoped: 6894fd9a-55fa-4d44-a74b-6a3dc99f5886
Middleware transient: 8238d455-0d94-4672-a7a1-3a615352e091
TestSingleton --- 5e28ba6a-e052-46a9-bb67-0834748d0257
TestScoped --- 6894fd9a-55fa-4d44-a74b-6a3dc99f5886
TestTransient --- 6d00d0a8-5554-4931-a671-0277e1913b47
----------
TestSingleton - TestScoped: 9d23ff6e-8440-4067-ad3f-7773666193e4
----------
Middleware scoped: 716b47b0-5a1d-4fac-bd54-206e50015389
Middleware transient: 3ead56e4-3ddd-43ad-8064-483cdcd9ce14
TestSingleton --- 5e28ba6a-e052-46a9-bb67-0834748d0257
TestScoped --- 716b47b0-5a1d-4fac-bd54-206e50015389
TestTransient --- 1f92c17f-adec-4a43-955d-8da65cd58c43
----------
TestSingleton - TestScoped: 5f14a3ac-f24e-49c8-a530-82f16013bb1e
----------
```

● 图 2-7

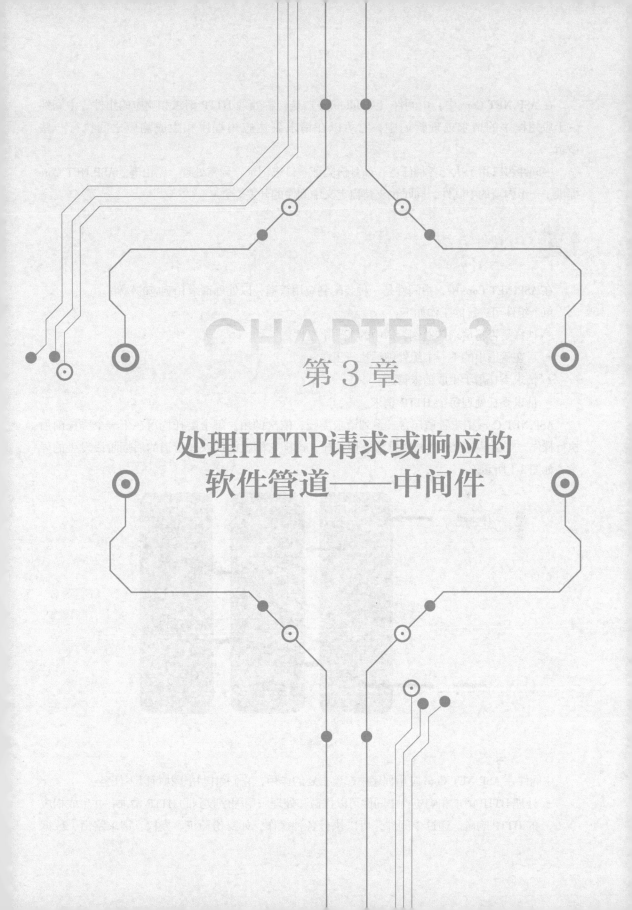

第 3 章

处理HTTP请求或响应的
软件管道——中间件

在 ASP.NET Core 中，中间件（Middleware）是一种处理 HTTP 请求和响应的组件。中间件位于应用程序的请求处理管道中，它可以在请求到达应用程序和生成响应之间执行一些逻辑。

中间件可以用于执行各种任务，如身份验证、日志记录、异常处理、路由等。ASP.NET Core 提供了一组内置的中间件，同时也支持自定义中间件的开发。

3.1 中间件介绍

在 ASP.NET Core 中，中间件是一种装配到应用管道，以处理请求和响应的软件。

每个组件可进行的工作如下：

- 选择是否将请求传递到管道中的下一个组件。
- 可在管道中的下一个组件前后执行工作。
- 请求委托用于生成请求管道。
- 请求委托处理每个 HTTP 请求。

ASP.NET Core 请求管道包含一系列请求委托，依次调用。每个委托均可在下一个委托前后执行操作。应尽早在管道中调用异常处理委托，这样它们就能捕获在管道的后期阶段发生的异常，如图 3-1 所示。

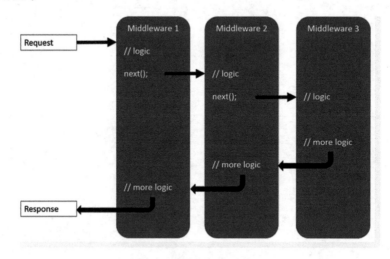

● 图 3-1

中间件在 ASP.NET Core 应用程序中起着重要的作用，它们可以用于执行以下任务：

- 处理 HTTP 请求和响应：中间件可以拦截和处理应用程序收到的 HTTP 请求，并生成相应的 HTTP 响应。通过中间件，可以执行各种操作，如身份验证、授权、请求路由、数据转换等。

- 实现身份验证和授权：中间件可以用于处理用户身份验证和授权的逻辑。例如，使用身份验证中间件可以验证用户的凭据，并根据用户的权限授予或拒绝访问权限。
- 处理异常和错误：中间件可以捕获应用程序中的异常和错误，并采取相应的处理措施。例如，异常处理中间件可以记录异常信息并返回适当的错误响应。
- 记录日志：中间件可以用于记录应用程序的日志信息。通过日志中间件，可以将请求和响应的详细信息记录到日志文件或其他存储介质中，以便进行故障排除和性能分析。
- 压缩和缓存响应：中间件可以对响应进行压缩，以减少传输数据量，提高性能。另外，中间件还可以实现响应的缓存，以减少对后端资源的请求。
- 处理跨域请求：中间件可以处理跨域资源共享（Cross-Origin Resource Sharing，CORS）请求，允许来自不同域的客户端访问应用程序的资源。
- 执行其他自定义逻辑：开发人员可以编写自定义中间件来执行特定的逻辑。例如，可以编写一个中间件来记录请求的处理时间，或者在响应中添加自定义的 HTTP 标头。

通过使用中间件，开发人员可以将应用程序的功能模块化，并按照需要组合和配置中间件来实现所需的行为。这种模块化的设计使得应用程序更加灵活、可维护和可测试。

3.2 编写中间件

在 ASP.NET Core 中已经内置了很多的中间件，包括身份验证、授权等，具体内容可以查看官方文档内置中间件列表。

接下来主要讲一下如何编写自己的中间件。在前面的文章中也用到了自己编写的中间件，用的是最简单的 app.Use 的方式。

Use 扩展可以使用两个重载：一个重载采用 HttpContext 和 Func<Task>。不使用任何参数调用 Func<Task>；

另一个重载采用 HttpContext 和 RequestDelegate。通过传递 HttpContext 调用 RequestDelegate。优先使用后面的重载，因为它省去了使用其他重载时所需的两个内部请求分配。

```
app.Use(async (context, next) =>
{
    // 下游中间件执行前
    await next.Invoke(); //往下执行中间件
    // 下游中间件执行后
});
```

上面的写法就是一个最简单的没有任何操作的中间件。

在调用 await next.Invoke( ) 前编写的操作就是在下游中间件执行之前做的事情，相应的，在之后编写的操作则是在下游中间件响应后做的事情。

举个例子，当要在下游中间件执行之前，做一些参数的赋值时，在 Headers 中添加一个头部。

```
app.Use(async (context, next) =>
{
context.Request.Headers.Add("TestMiddlewareAdd", "Abc");
    await next.Invoke();
});
```

在添加之后，下游就可以获取 Headers 中 TestMiddlewareAdd 的值了。

我们来创建一个 WebApi 项目，然后在 Program 中的 MapControllers( ) 之前添加上述中间件。

可以看到 Headers 中已经加上了之前加的内容，如图 3-2 所示。

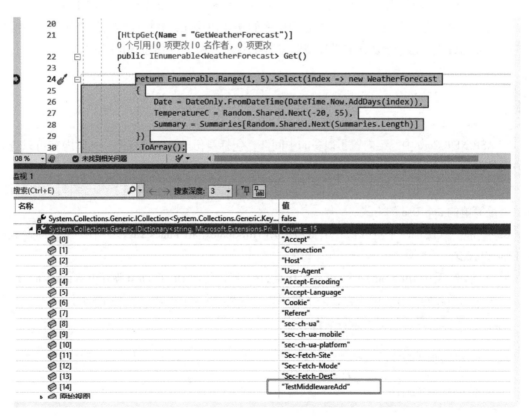

● 图 3-2

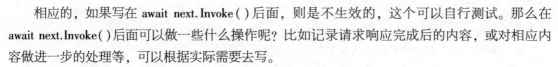

相应的，如果写在 await next.Invoke( ) 后面，则是不生效的，这个可以自行测试。那么在 await next.Invoke( ) 后面可以做一些什么操作呢？比如记录请求响应完成后的内容，或对相应内容做进一步的处理等，可以根据实际需要去写。

除了 app.Use( )，在 ASP.NET Core 中还有几种中间件的编写方式。

```
app.Map();
app.MpaWhen();
app.Run();
app.UseMiddleware();
```

- Map 扩展用作约定来创建管道分支。Map 基于给定请求路径的匹配项来创建请求管道分支。如果请求路径以给定路径开头，则执行分支。
- MapWhen 基于给定谓词的结果创建请求管道分支。Func<HttpContext，bool>类型的任何谓词均可用于将请求映射到管道的新分支。
- Run 委托不会收到 next 参数。第一个 Run 委托始终为终端，用于终止管道。Run 是一种约定。

3.2.1 UseMiddleware

UseMiddleware 是最常用的封装中间件的方式之一，中间件类是基于约定编写的。其约定如下：

- 具有类型为 RequestDelegate 的参数的公共构造函数。
- 名为 Invoke 或 InvokeAsync 的公共方法。
- 此方法必须返回 Task，接受类型 HttpContext 的第一个参数。
- 构造函数和 Invoke/InvokeAsync 的其他参数由依赖注入（DI）填充。

接下来基于约定编写一个 Middleware 类。

```
public class AMiddleware
{
        private readonlyRequestDelegate _next;
        public AMiddleware(RequestDelegate next) => _next = next;
        public async Task InvokeAsync(HttpContext context, ILogger<AMiddleware> logger)
        {
logger.LogInformation("AMiddleware Invoke");
            await _next(context);
        }
}
```

在 Program 中使用 UseMiddleware 把中间件加入管道。

```
app.UseAuthorization();
app.Use(async (context, next) =>
```

```
{
context.Request.Headers.Add("TestMiddlewareAdd", "Abc");
    await next.Invoke();
});
app.UseMiddleware<AMiddleware>();
app.MapControllers();
app.Run();
```

启动项目发出请求。可以看到如图 3-3 所示的结果。

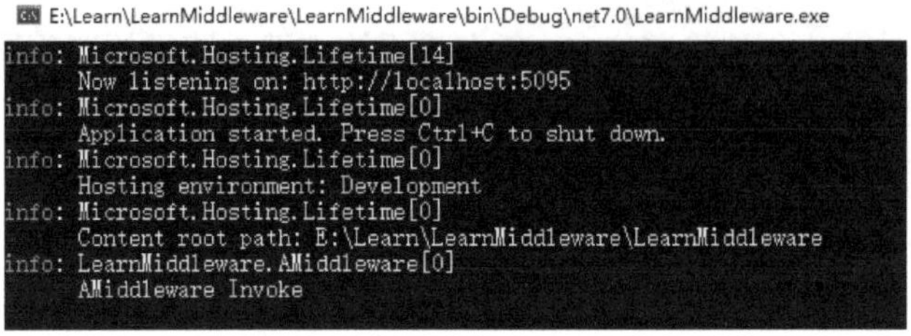

● 图 3-3

需要注意的是，这里的 Middleware 会自动注册为一个单例，所以在构造器注入时，无法注入 Scope 生命周期的服务。如果注入，启动会直接报错，如图 3-4 所示。

● 图 3-4

```
public class AMiddleware
{
    private readonly RequestDelegate _next;
    private readonly TestMiddlewareDi _testMiddlewareDi;
    public AMiddleware(RequestDelegate next, TestMiddlewareDi testMiddlewareDi)
    {
        _next = next;
        _testMiddlewareDi = testMiddlewareDi;
    }
    public async Task InvokeAsync(HttpContext context, ILogger<AMiddleware> logger)
```

```
    {
logger.LogInformation("AMiddleware Invoke");
logger.LogInformation($"AMiddleware _testMiddlewareDi: {_testMiddlewareDi.Id}");
        await _next(context);
    }
}
    builder.Services.AddScoped<TestMiddlewareDi>();
```

当需要注入 Scope 生命周期的服务时，直接在 InvokeAsync 方法中添加注入即可。

```
public class AMiddleware
{
    private readonlyRequestDelegate _next;
    public AMiddleware(RequestDelegate next)
    {
        _next = next;
    }
public async Task InvokeAsync(HttpContext context, ILogger<AMiddleware> logger,
TestMiddlewareDitestMiddleware)
    {
logger.LogInformation("AMiddleware Invoke");
logger.LogInformation($"AMiddleware _testMiddlewareDi: {testMiddleware.Id}");
        await _next(context);
    }
}
```

通过运行结果可以看到其运行正常，并且每次请求 Id 都是不一样的，如图 3-5 所示。

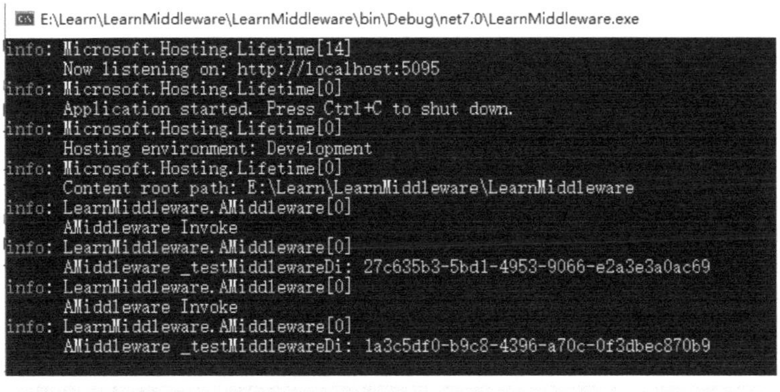

• 图 3-5

▶▶ 3.2.2 IMiddleware

除了基于约定实现中间件，ASP.NET Core 还有一个基于工厂的中间件激活扩展。

IMiddlewareFactory/IMiddleware 是中间件激活的扩展点，具有以下优势：

- 按客户端请求（作用域服务的注入）激活。
- 让中间件强类型化。

UseMiddleware 扩展方法检查中间件的已注册类型是否实现 **IMiddleware**。如果是，则使用在容器中注册的 **IMiddlewareFactory** 实例来解析 **IMiddleware** 实现，而不使用基于约定的中间件激活逻辑。中间件在应用的服务容器中注册为作用域或瞬态服务。

接下来实现一个 **IMiddleware**。

```
public class FactoryMiddleware : IMiddleware
{
    private readonlyILogger _logger;
    private readonlyTestMiddlewareDi _testMiddleware;
    public FactoryMiddleware(ILogger<FactoryMiddleware> logger,
TestMiddlewareDitestMiddleware)
    {
        _logger = logger;
        _testMiddleware = testMiddleware;
    }
    public async Task InvokeAsync(HttpContext context, RequestDelegate next)
    {
        _logger.LogInformation("FactoryMiddleware Invoke");
        _logger.LogInformation($"FactoryMiddleware _testMiddlewareDi:
{_testMiddleware.Id}");
        await next(context);
    }
}
app.UseAuthorization();
app.Use(async (context, next) =>
{
context.Request.Headers.Add("TestMiddlewareAdd", "Abc");
    await next.Invoke();
});
app.UseMiddleware<AMiddleware>();
app.UseMiddleware<FactoryMiddleware>();
app.MapControllers();
app.Run();
```

需要注意的是，这种方式必须把中间件注册到依赖注入容器中，否则会出现如图 3-6 所示的错误。

注册注入之后，再次启动服务，并测试请求。如图 3-7 所示，执行顺利。

```
builder.Services.AddScoped<FactoryMiddleware>();
```

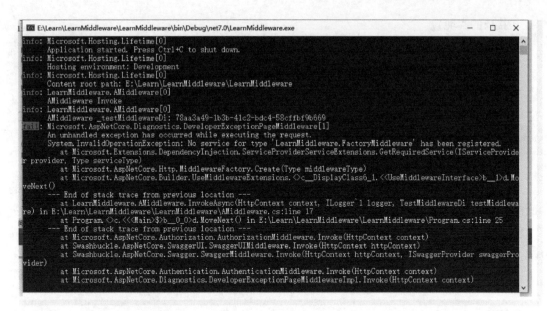

• 图 3-6

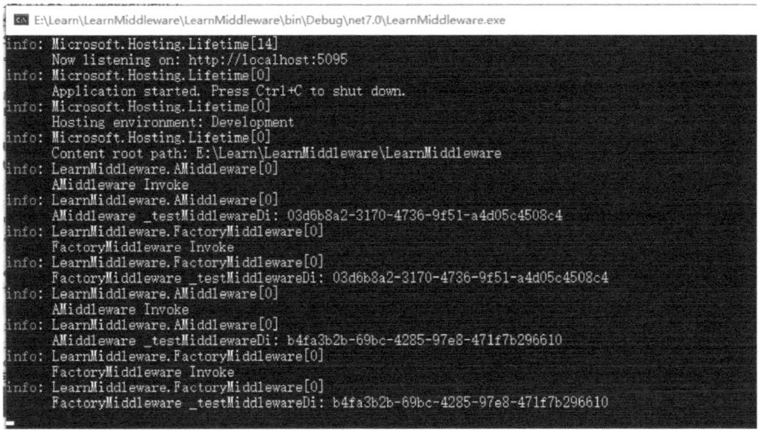

• 图 3-7

▶▶ 3.2.3 基于约定的中间件和基于工厂的中间件的区别

在 ASP.NET Core 中，基于约定的中间件和基于工厂的中间件在使用效果上面是一致的，但是使用方法却有一些区别，下面是两者的不同点。

- 基于约定的中间件无法通过构造函数注入 Scope 生命周期的服务，只能通过 Invoke 方法的参数进行注入；
- 基于工厂的中间件只能通过构造函数添加注入，Invoke 无法注入（因为是基于 IMiddleware

接口的实现)。

- 基于约定的中间件无须手动注册依赖注入容器；基于工厂的中间件必须注册依赖注入容器，且生命周期注册为作用域或瞬态服务。
- 基于约定的中间件生命周期为单例；基于工厂的中间件生命周期为作用域。

3.3 中间件顺序

中间件既然是一种管道的模式，那么必然和顺序有关系，管道前面的中间件先执行，后面的中间件后执行。

那么这个顺序会带来哪种影响呢？这里使用官方文档图来说明，图 3-8 显示了 ASP.NET Core MVC 和 Razor Pages 应用的完整请求处理管道。

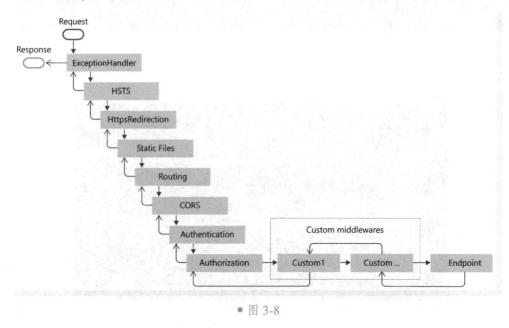

• 图 3-8

这里 UseCors 和 UseStaticFiles 顺序是最容易看出影响的。

若是 UseStaticFiles 在 UseCors 之前调用，则检索静态文件时，不会检查是否跨站点调用。所有静态文件可以直接检索。

若是相反，在跨站检索静态文件时，则会优先检查站点是否跨域，若是跨域，则无法检索静态文件。

由此可以想到，当需要做一些前置校验的中间件时，可以把中间件顺序放在前面，如校验不通过则直接终止后续请求，这样可以提高应用的响应效率。

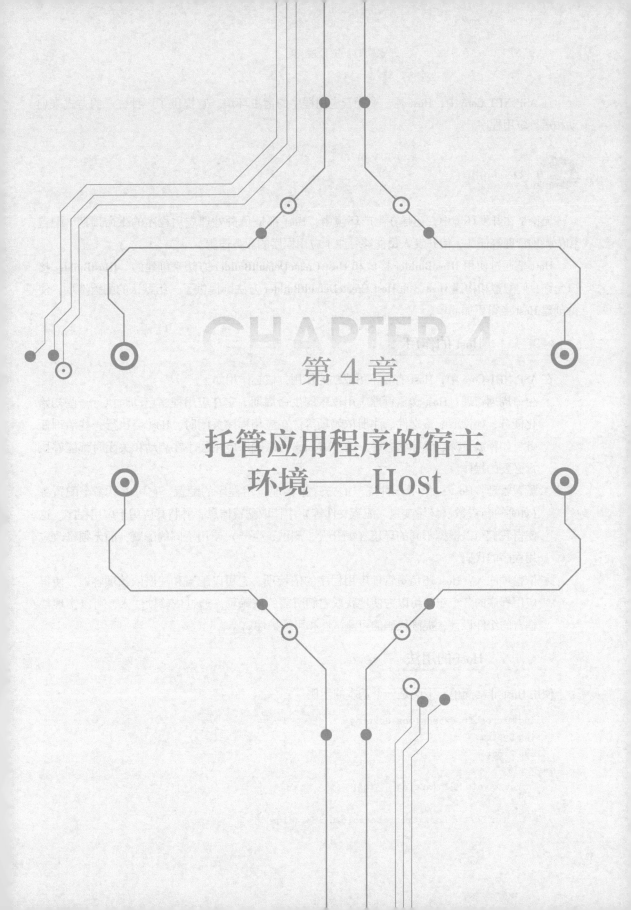

第 4 章

托管应用程序的宿主
环境——Host

在 ASP.NET Core 中，Host 是一个托管应用程序的宿主环境。它提供了一种统一的方式来启动和运行应用程序。

4.1 Host 简介

无论是在开发环境中，还是在生产环境中，Host 都是负责处理应用程序的生命周期、配置和依赖项管理等任务，使开发人员能够专注于应用程序的业务逻辑。

Host 是通过使用 IHostBuilder 接口和 Host.CreateDefaultBuilder 方法来创建的。IHostBuilder 接口允许我们配置和构建 Host，而 Host.CreateDefaultBuilder 方法则提供了一组默认的配置选项，使得创建 Host 变得更加简单。

▶▶ 4.1.1 Host 的作用

在 ASP.NET Core 中，Host 有着不可或缺的作用，核心作用如下。

- 生命周期管理：Host 负责管理应用程序的生命周期。它在应用程序启动时执行一些初始化任务，如读取配置文件、注册依赖项等。在应用程序关闭时，Host 会执行一些清理任务，如释放资源、保存状态等。通过 Host，可以确保应用程序在启动和关闭时都能够执行必要的操作。

- 配置管理：Host 提供了一种统一的方式来管理应用程序的配置。它可以从多个配置源（如命令行参数、环境变量、配置文件等）中读取配置信息，并将其应用于应用程序。这使得我们可以根据不同的环境（如开发、测试、生产）使用不同的配置，而无须修改应用程序的代码。

- 依赖项注入：Host 还负责管理应用程序的依赖项。它可以配置和注册依赖项容器，使得应用程序的各个组件可以方便地获取它们所需的依赖项。通过依赖项注入，可以实现松耦合的组件设计，提高代码的可测试性和可维护性。

▶▶ 4.1.2 Host 的用法

使用 Host 非常简单。下面是一个基本的示例：

```
using Microsoft.Extensions.Hosting;
using System;
class Program
{
    static void Main(string[] args)
    {
        var host = Host.CreateDefaultBuilder(args)
```

```
        .ConfigureServices((hostContext, services) =>
        {
            // 配置和注册依赖项
services.AddMyServices();
        })
        .Build();
    // 执行应用程序
host.Run();
    }
}
```

在上面的示例中，使用 Host.CreateDefaultBuilder 方法创建了一个 Host，并通过 ConfigureServices 方法配置和注册了一些依赖项。最后，通过调用 Build 方法来构建 Host，并通过调用 Run 方法来执行应用程序。

除了上面的基本用法之外，Host 还提供了许多其他的配置选项和扩展点，以满足不同的需求。可以通过调用 ConfigureHostConfiguration 方法来配置 Host，通过调用 ConfigureAppConfiguration 方法来配置应用程序，通过调用 ConfigureServices 方法来配置依赖项，以及通过调用 ConfigureLogging 方法来配置日志记录等。

4.2 Host 的常见用例

在 ASP.NET Core 中，Host 可以用来实现多种应用程序，常见的有如下几种：

- Web 应用程序：在 ASP.NET Core 中，使用 Host 来托管 Web 应用程序是非常常见的用例。可以通过配置 Host 来启动 Kestrel 服务器，并将 Web 应用程序作为一个托管服务运行起来。Host 还可以处理一些与 Web 应用程序相关的任务，如 HTTPS 配置、请求管道配置等。
- 后台任务：Host 也可以用于托管后台任务。可以通过 Host 来启动和管理后台任务的生命周期，并配置一些后台任务的特定选项，如任务调度、并发限制等。Host 还可以处理一些与后台任务相关的任务，如日志记录、异常处理等。
- 控制台应用程序：使用 Host 来托管控制台应用程序是另一个常见的用例。Host 可以帮助我们管理控制台应用程序的生命周期，并提供一些控制台应用程序特定的选项，如命令行参数解析、控制台输出等。

4.3 Web Host 和 Generic Host

1. 两者的功能

Web Host 是 ASP.NET Core 2.x 版本及之前的主机模型。它主要用于托管 Web 应用程序，提供了一些特定于 Web 开发的功能。Web Host 继承自 Generic Host，并添加了一些与 Web 开发相关的默认配置和中间件。

Web Host 提供了以下功能。

- 配置 HTTP 请求处理管道：Web Host 通过中间件来处理 HTTP 请求，并提供了一些默认的中间件，如路由、静态文件服务、MVC 等。
- 集成 IIS：Web Host 可以与 IIS（Internet Information Services）集成，以便通过 IIS 托管应用程序。
- 集成 Kestrel：Web Host 使用 Kestrel 作为默认的 Web 服务器，用于处理 HTTP 请求。

Generic Host 是从 ASP.NET Core 3.0 版本引入的新主机模型。它是一个通用的、可扩展的主机，可以用于托管各种类型的应用程序，不仅限于 Web 应用程序。Generic Host 提供了更多的灵活性和可扩展性，使开发者能够构建更加通用的应用程序。

Generic Host 提供了以下功能：

- 配置应用程序服务：Generic Host 允许开发者配置应用程序所需的各种服务，如数据库连接、日志记录、身份验证等。
- 支持不同类型的应用程序：除了 Web 应用程序，Generic Host 还可以用于托管后台服务、控制台应用程序等各种类型的应用程序。
- 集成 ASP.NET Core 应用程序：Generic Host 可以用于托管 ASP.NET Core 应用程序，但不提供与 Web 开发相关的默认配置和中间件。

2. 两者的区别

Web Host 是从 Generic Host 派生而来的，专注于 Web 应用程序的托管，提供了与 Web 开发相关的默认配置和中间件。

Generic Host 是一个通用的主机模型，适用于各种类型的应用程序，提供了更多的灵活性和可扩展性。

在 ASP.NET Core 3.0 及之后的版本中，建议使用 Generic Host 来构建新的应用程序，因为它提供了更多的功能和扩展性。

4.4　WebApplication

从 ASP.NET Core 开始，默认的 ASP.NET Core 模板已经改成使用 WebApplication 来创建 Web 应用程序。WebApplication 提供了一种简化的方式来配置和运行 Web 应用程序，而不需要 Startup 类。

```
var builder =WebApplication.CreateBuilder(args);
```

```
// 将服务添加到容器中
builder.Services.AddControllers();
// Learn more about configuring Swagger/OpenAPI at
https://aka.ms/aspnetcore/swashbuckle
builder.Services.AddEndpointsApiExplorer();
builder.Services.AddSwaggerGen();

var app = builder.Build();

// 配置 HTTP 请求管道
if (app.Environment.IsDevelopment())
{
app.UseSwagger();
app.UseSwaggerUI();
}

app.UseAuthorization();

app.MapControllers();

app.Run();
```

在上面的示例中，使用 WebApplication.CreateBuilder 方法创建了一个 WebApplication 实例。然后，通过 builder.Services 配置依赖注入。最后，通过调用 Build 方法来构建 WebApplication 实例，并通过调用 Run 方法来运行应用程序。

WebApplication 提供了许多其他的方法和扩展点，用于处理不同类型的请求、配置中间件、设置路由规则等。通过使用这些方法和扩展点，可以构建出复杂和强大的 Web 应用程序。

除了处理 HTTP 请求和生成 HTTP 响应之外，WebApplication 还提供了一些其他的功能，如依赖项注入、配置管理、日志记录等。可以通过调用 Services 属性来访问依赖项注入容器，通过调用 Configuration 属性来访问配置信息，通过调用 Logging 属性来访问日志记录功能。

通过使用 WebApplication，可以构建出强大和灵活的 Web 应用程序。

ASP.NET Core 中的 Host 是一个重要的概念，它提供了一种可靠和灵活的方式来启动、配置和管理应用程序。Host 负责处理应用程序的生命周期、配置和依赖项管理等任务，使开发人员能够专注于应用程序的业务逻辑。通过 Host，可以实现各种不同类型的应用程序，如 Web 应用程序、后台任务和控制台应用程序。希望本章对大家理解和使用 ASP.NET Core 中的 Host 有所帮助。

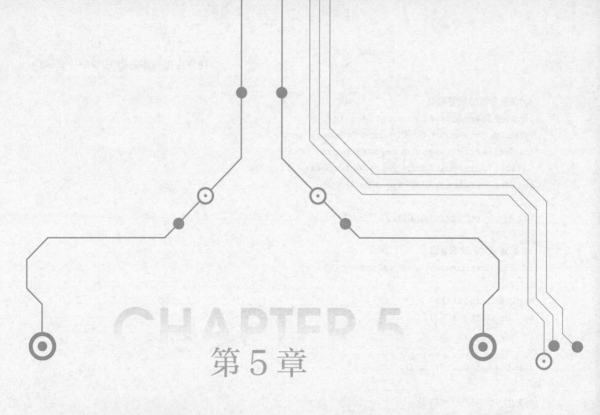

第 5 章

Web服务器——Kestrel

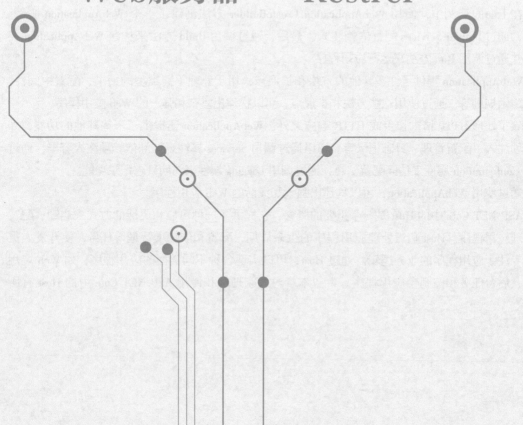

在 ASP.NET Core 中，Kestrel 是一个重要的组件，它是一个跨平台的、开源的 Web 服务器，专门为 ASP.NET Core 应用程序而设计。

Kestrel 服务器是默认跨平台 HTTP 服务器实现，它提供了最佳性能和内存利用率，但它没有 HTTP.sys 中的某些高级功能。Kestrel 以其轻量级和高性能而闻名，本章将介绍 Kestrel 的原理，并与其他 Web 服务器进行比较，以展示其优势和特点。

5.1 Kestrel 简介

▶▶ 5.1.1 作为边缘服务器

作为边缘服务器，处理直接来自网络（包括 Internet）的请求。流程如图 5-1 所示。

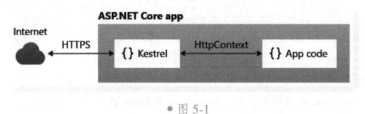

● 图 5-1

▶▶ 5.1.2 反向代理服务器结合使用

反向代理服务器接收来自 Internet 的 HTTP 请求，并将这些请求转发到 Kestrel。流程如图 5-2 所示。

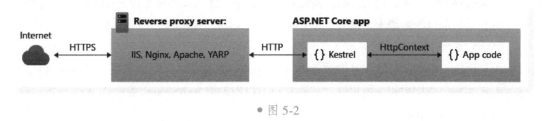

● 图 5-2

无论托管配置是否使用反向代理服务器，都是受支持的托管配置。

5.2 Kestrel 的原理

Kestrel 是基于 Libuv 的异步 I/O 框架构建的。它利用了 C#的异步编程模型和 Libuv 的事件驱动机制，实现了高性能和高并发处理能力。Kestrel 的工作原理如下。

- 监听端口：Kestrel 通过监听指定的端口来接收 HTTP 请求。
- 连接管理：当有新的连接建立时，Kestrel 会创建一个新的连接对象，并将其与请求上下文关联起来。
- 请求处理：Kestrel 使用异步处理模型，每个连接都有一个请求处理管道。请求从连接中读取，并经过一系列中间件组件的处理，最终生成响应并发送回客户端。
- 并发处理：Kestrel 使用事件驱动的方式处理请求，每个请求都在一个独立的线程上执行，这样可以实现高并发处理，提高系统的吞吐量。
- 静态文件服务：Kestrel 还内置了静态文件服务的功能，可以直接提供静态文件的访问，减少对其他服务器的依赖。

5.3 Kestrel 与其他 Web 服务器的对比

与传统的 Web 服务器相比，Kestrel 具有以下优势和特点。

- 轻量级：Kestrel 是一个轻量级的 Web 服务器，它的设计目标是尽量减少资源消耗，提供最小的开销。相比于 IIS 等传统服务器，Kestrel 占用的内存和 CPU 资源更少。
- 跨平台支持：Kestrel 是跨平台的，Kestrel 基于 Libuv 库构建，Libuv 是一个跨平台的异步 I/O 库，它为 Kestrel 提供了底层的网络通信功能。Libuv 在不同的操作系统上使用不同的底层实现，如在 Windows 上使用 IOCP（I/O Completion Ports）、在 Linux 上使用 epoll、在 macOS 上使用 kqueue。这使得 Kestrel 能够在不同的操作系统上实现高性能和跨平台支持。
- 高性能：Kestrel 的异步处理模型和事件驱动机制使其具有出色的性能表现。它可以处理大量的并发请求，并且能够快速响应客户端，提供更好的用户体验。使用 HTTP/2 协议可以提高多路复用的能力，减少网络连接的开销。还可以使用缓存机制来缓存静态内容，减少对后端资源的请求。此外，Kestrel 还支持启用压缩算法，减小传输数据的大小，提高响应速度。
- 可扩展性：Kestrel 可以与其他服务器（如 Nginx 或 Apache）配合使用，通过反向代理的方式实现负载均衡和高可用性。它还支持 HTTP/2 和 WebSockets 等现代 Web 技术，提供更多的扩展性和功能。
- 安全性：Kestrel 具有良好的安全性，它支持 HTTPS 和 TLS 协议，可以保护数据的传输安全。此外，Kestrel 还提供了一些安全性相关的功能，如请求过滤和身份验证等。

5.4 Kestrel 配置指南

Kestrel 作为 ASP.NET Core 的默认 Web 服务器，具有丰富的配置选项，可以根据应用程序的

需求进行灵活的配置。下面是一些常见的 Kestrel 配置指南。

（1）监听地址和端口

通过配置 UseUrls 方法可以指定 Kestrel 监听的地址和端口。例如，UseUrls("http://localhost:5000")将 Kestrel 配置为监听本地主机的 5000 端口。

（2）HTTPS 和 TLS

若要启用 HTTPS 支持，可以通过配置 UseHttps 方法来指定证书文件和密码。例如，UseHttps("certificate.pfx"，"password")将 Kestrel 配置为使用指定的证书文件和密码，并启用 HTTPS。

可以使用 Listen 方法配置 HTTPS 监听地址和端口，并指定相应的证书。例如，Listen(IPAddress.Any，443，listenOptions => { listenOptions.UseHttps("certificate.pfx"，"password"); })将 Kestrel 配置为监听所有地址的 443 端口，并启用 HTTPS。

（3）最大连接数和最大请求大小

通过配置 Limits 属性，可以设置 Kestrel 的最大连接数和最大请求大小。例如，Limits.MaxConcurrentConnections = 100 将最大连接数设置为 100，Limits.MaxRequestBodySize = 10 * 1024 将最大请求大小设置为 10KB。

（4）静态文件服务

Kestrel 内置了静态文件服务的功能，可以通过配置 UseStaticFiles 方法来启用。例如，UseStaticFiles()将 Kestrel 配置为提供静态文件服务。

可以通过配置 StaticFileOptions 属性来设置静态文件服务的选项，如文件缓存时间、默认文件等。

（5）反向代理和负载均衡

若要将 Kestrel 配置为在反向代理服务器后面运行，可以通过配置 UseForwardedHeaders 方法来处理代理服务器发送的请求头。例如，UseForwardedHeaders()将 Kestrel 配置为使用代理服务器发送的请求头。

若要实现负载均衡，可以通过配置 UseProxyLoadBalancer 方法来启用代理服务器的负载均衡功能。

（6）性能优化

可以通过配置 ServicePointManager 类的属性来优化 Kestrel 的性能。例如，ServicePointManager.DefaultConnectionLimit = 100 将默认的最大并发连接数设置为 100。

可以通过配置 KestrelServerLimits 类的属性来进一步优化 Kestrel 的性能，如最大请求头大小、最大请求字段数等。

（7）安全性

可以通过配置 KestrelServerOptions 类的属性来增强 Kestrel 的安全性。例如，KestrelServerOptions.AddServerHeader = false 将禁用服务器响应中的 Server 头信息。

可以通过配置中间件组件来实现身份验证、授权、请求过滤等安全性相关的功能。

Kestrel 作为 ASP.NET Core 的默认 Web 服务器，以其轻量级和高性能而备受推崇。它的异步处理模型和事件驱动机制使其能够处理大量并发请求，提供快速响应和优秀的用户体验。与传统的 Web 服务器相比，Kestrel 具有更小的资源消耗、跨平台支持和更好的可扩展性等优势。

Kestrel 具有丰富的配置选项，可以通过配置方法、属性和中间件组件来灵活地配置和扩展。通过合理的配置，可以优化 Kestrel 的性能、安全性和功能。开发人员可以根据应用程序的需求，对 Kestrel 进行适当的配置，以实现高性能、安全可靠的 Web 应用程序。

无论是开发新的 ASP.NET Core 应用程序，还是迁移现有的应用程序，使用 Kestrel 作为 Web 服务器都是一个明智的选择。

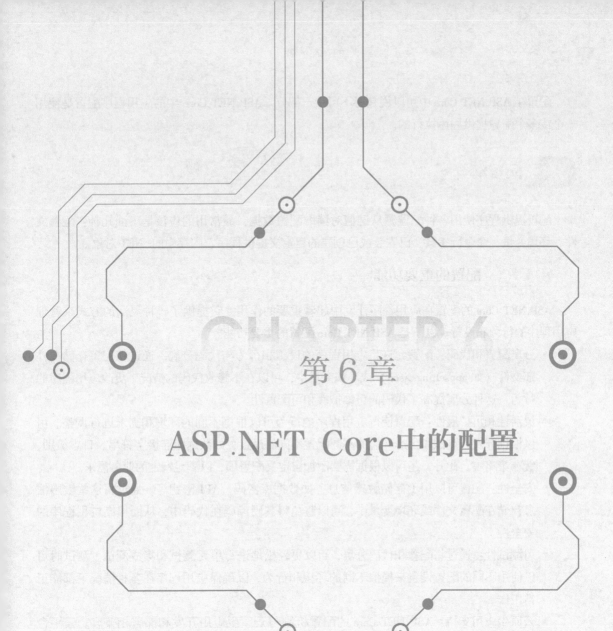

第 6 章

ASP.NET Core中的配置

配置在 ASP.NET Core 中可以说是必不可少一部分。ASP.NET Core 中的应用程序配置是使用一个或多个配置提供程序执行的。

6.1 配置简介

配置提供程序使用各种配置源从键值对读取配置数据，最常用的应该是下面几种：配置文件、环境变量、命令行参数、已安装或已创建的自定义提供程序、内存中的 .NET 对象。

6.1.1 配置的重要功能

ASP.NET Core 的配置在应用程序开发中起着重要的作用，它提供了一种灵活的方式来管理应用程序的行为和设置。以下是 ASP.NET Core 配置的重要功能。

- 分离配置和代码：配置允许将应用程序的设置和行为与代码分离。通过将配置存储在外部文件（如 appsettings.json）或环境变量中，可以在不修改代码的情况下更改应用程序的行为。这种分离提高了代码的可维护性和可配置性。
- 灵活性和可扩展性：配置使得应用程序的行为可以根据不同的环境和需求进行调整。可以根据开发、测试和生产环境的不同配置不同的设置，如数据库连接字符串、日志级别、缓存策略等。此外，还可以根据需要添加自定义配置项，以满足特定的业务需求。
- 安全性：配置可以用于存储敏感信息，如数据库密码、API 密钥等。通过将这些敏感信息存储在配置文件或环境变量中，可以避免将其硬编码在代码中，从而提高应用程序的安全性。
- 可测试性：通过将配置和代码分离，可以更轻松地进行单元测试和集成测试。测试时可以使用不同的配置设置来模拟不同的环境和行为，以确保应用程序在各种情况下都能正常工作。
- 云原生应用支持：ASP.NET Core 的配置机制与云原生应用开发和部署相兼容。云平台（如 Azure、AWS、Google Cloud 等）提供了与 ASP.NET Core 配置集成的功能，可以轻松地将应用程序配置与云平台的配置服务进行集成。

在 ASP.NET Core 中，配置通常在应用程序的 Startup 类中进行设置。可以使用 Configuration 对象来读取配置文件中的值，并将其应用于应用程序的各个部分。

ASP.NET Core 的配置机制提供了一种灵活、可扩展和安全的方式来管理应用程序的行为和设置。它使得应用程序的配置变得简单和可维护，并提供了更好的可测试性和云原生应用支持。

6.1.2 常用配置源

配置提供程序使用各种配置源从键值对读取配置数据，最常用的有下面几种。

- JSON 文件：ASP.NET Core 支持使用 JSON 文件作为配置源。可以使用 appsettings.json 文件来存储应用程序的配置值，并通过 Configuration 对象读取这些值。还可以使用不同的 JSON 文件来区分不同的环境，如 appsettings.Development.json、appsettings.Production.json 等。
- 环境变量：环境变量是另一个常用的配置源。可以使用环境变量来存储敏感信息或特定于环境的配置值。ASP.NET Core 的 Configuration 对象可以直接读取环境变量中的值。
- 命令行参数：可以通过命令行参数来传递配置值。ASP.NET Core 的 Configuration 对象可以解析命令行参数，并将其作为配置值使用。
- 内存配置：内存配置是一种临时的配置源，可以在应用程序中直接指定配置值。这对于测试和调试非常有用。
- Azure Key Vault：如果应用程序托管在 Azure 云平台上，可以使用 Azure Key Vault 作为配置源。Azure Key Vault 是一种安全的密钥和机密存储服务，可以用于存储敏感的配置值，如数据库密码、API 密钥等。
- 自定义配置源：除了上述常用的配置源外，还可以实现自定义的配置源。可以编写自定义的配置提供程序，从数据库、远程服务或其他外部源获取配置值。

在 ASP.NET Core 中，可以通过在 Startup 类的 ConfigureServices 方法中配置 Configuration 对象来使用这些配置源。可以使用 AddJsonFile、AddEnvironmentVariables、AddCommandLine 等方法来添加不同的配置源。可以根据需要组合和配置这些配置源，以满足应用程序的需求。

6.2 配置优先级

不同的配置提供程序有不同优先级，相同的配置项高优先级的会覆盖低优先级的配置内容。

默认的优先级顺序如下（从最高优先级到最低优先级）。

1）使用命令行配置提供程序通过命令行参数提供。

2）使用非前缀环境变量配置提供程序通过非前缀环境变量提供。

3）应用在环境中运行时的用户机密。

4）使用 JSON 配置提供程序通过 appsettings.{Environment}.json 提供。例如，appsettings.Production.json 和 appsettings.Development.json。

5）使用 JSON 配置提供程序通过 appsettings.json 提供。

6）主机（Host）配置。

接下来通过实例进行练习。

新建一个 WebApi 项目，查看 lunchSettings.json 文件，如图 6-1 所示，可以看到默认端口地址为 http://localhost:5085。

```
launchSettings.json   ⊕ ×
架构 https://json.schemastore.org/launchsettings.json
 7                    "applicationUrl": "http://localhost:60688",
 8                    "sslPort": 0
 9                }
10            },
11            "profiles": {
12                "http": {
13                    "commandName": "Project",
14                    "dotnetRunMessages": true,
15                    "launchBrowser": true,
16                    "launchUrl": "swagger",
17                    "applicationUrl": "http://localhost:5085",
18                    "environmentVariables": {
19                        "ASPNETCORE_ENVIRONMENT": "Development"
20                    }
21                },
22                "IIS Express": {
23                    "commandName": "IISExpress",
24                    "launchBrowser": true,
25                    "launchUrl": "swagger",
26                    "environmentVariables": {
27                        "ASPNETCORE_ENVIRONMENT": "Development"
28                    }
29                }
30            }
31        }
32
```

· 图 6-1

启动项目后，也可以看到图 6-2 所示的端口地址是对应的。

· 图 6-2

接下来在环境变量中添加一个 ASPNETCORE_URLS 变量，把端口改成 5555（见图 6-3），启动项目。

```
    "profiles": {
      "http": {
        "commandName": "Project",
        "dotnetRunMessages": true,
        "launchBrowser": true,
        "launchUrl": "swagger",
        "applicationUrl": "http://localhost:5085",
        "environmentVariables": {
          "ASPNETCORE_ENVIRONMENT": "Development",
          "ASPNETCORE_URLS": "http://localhost:5555"
        }
      },
```

· 图 6-3

可以发现监听端口已经变成 5555 了，如图 6-4 所示。

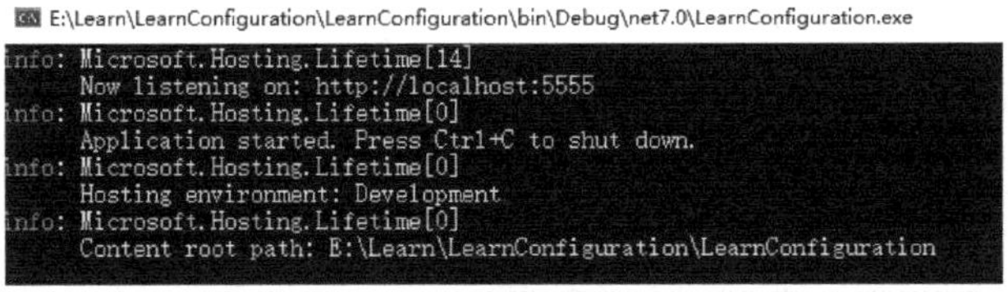

● 图 6-4

接下来不删除上面改动的环境变量，在 appsettings.json 中添加一个 urls 配置，将配置端口改成 6666。

```
{
  "Logging": {
    "LogLevel": {
      "Default": "Information",
      "Microsoft.AspNetCore": "Warning"
    }
  },
  "AllowedHosts": "*",
  "urls": "http://localhost:6666"
}
```

再次启动项目。如图 6-5 所示，现在监听的端口变成了 6666。

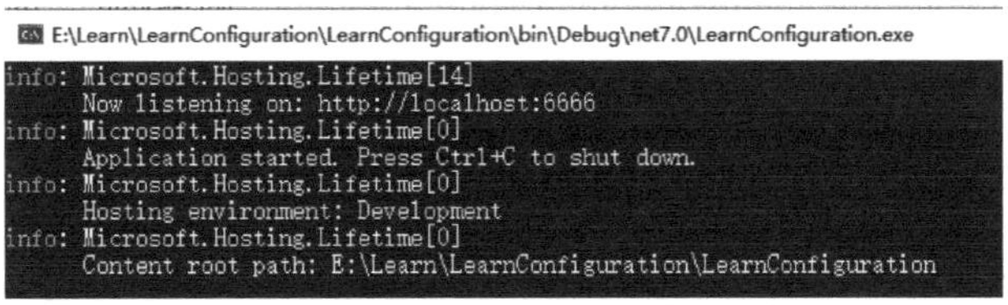

● 图 6-5

再次添加一个环境变量，叫作 URLS，把端口改成 7777（见图 6-6），启动项目。

```
"profiles": {
  "http": {
    "commandName": "Project",
    "dotnetRunMessages": true,
    "launchBrowser": true,
    "launchUrl": "swagger",
    "applicationUrl": "http://localhost:5085",
    "environmentVariables": {
      "ASPNETCORE_ENVIRONMENT": "Development",
      "ASPNETCORE_URLS": "http://localhost:5555",
      "URLS": "http://localhost:7777"
    }
  },
```

● 图 6-6

可以看到端口变成了 7777，如图 6-7 所示。

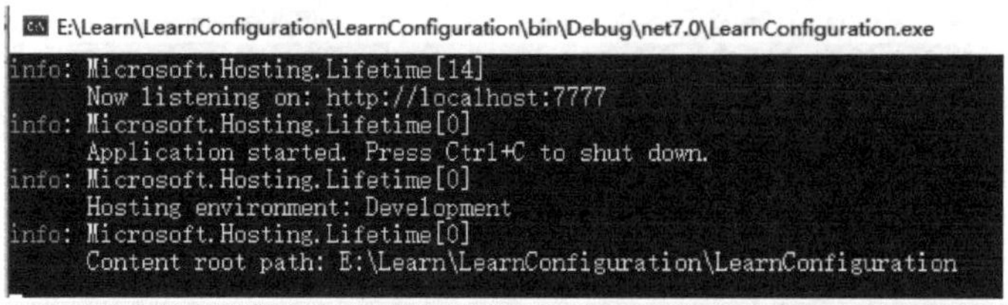

● 图 6-7

接下来试用命令行启动，打开项目目录 CMD，用 dotnet run --urls＝http：//localhost：8888 启动项目。

如图 6-8 所示，可以看到端口又变成 8888 了。

● 图 6-8

通过上面实例可以看到，相同配置会有不同的优先级。这里的非前缀环境变量是指不是以 **ASPNETCORE_** 或 **DOTNET_** 为前缀的环境变量。

在前面两个环境变量中，**ASPNETCORE_URLS** 的优先级没有 **URLS** 高，因为 **URLS** 就是非前缀环境变量。

其他的配置方式优先级这里就不一一演示了，感兴趣的读者可以自行测试。

当有相同配置但使用不同配置提供程序时，需要注意配置的优先级，否则可能导致程序读取的配置内容不对。

6.3 配置提供程序

ASP.NET Core 自带的配置提供程序有很多个，如图 6-9 所示。

接下来重点介绍几个常用的配置提供程序。

提供程序	通过以下对象提供配置
Azure Key Vault 配置提供程序	Azure Key Vault
Azure 应用配置提供程序	Azure 应用程序配置
命令行配置提供程序	命令行参数
自定义配置提供程序	自定义源
环境变量配置提供程序	环境变量
文件配置提供程序	INI、JSON 和 XML 文件
Key-per-file 配置提供程序	目录文件
内存配置提供程序	内存中集合
用户机密	用户配置文件目录中的文件

● 图 6-9

▶▶ 6.3.1 MemoryConfigurationProvider 内存配置提供程序

MemoryConfigurationProvider 是内存配置提供程序，使用内存中的集合作为配置键值对。
下面来测试一下，在 **Program** 中添加如下代码。

```
var builder =WebApplication.CreateBuilder(args);
var dict = new Dictionary<string, string>
    {
        {"TestMemoryKey", "Memory"},
    };
builder.Configuration.AddInMemoryCollection(dict);
```

在控制器中注入 **IConfiguration**，并在 **API** 中获取 **TestMemoryKey** 的值。

```
private readonlyILogger<WeatherForecastController> _logger;
private readonlyIConfiguration Configuration;
public WeatherForecastController(ILogger<WeatherForecastController> logger, IConfigura-
tion configuration)
{
    _logger = logger;
    Configuration = configuration;
}[HttpGet(Name = "GetWeatherForecast")]
public IEnumerable<WeatherForecast> Get()
{
    var testMemory = Configuration["TestMemoryKey"];
```

```
    return Enumerable.Range(1, 5).Select(index => new WeatherForecast
    {
        Date = DateOnly.FromDateTime(DateTime.Now.AddDays(index)),
TemperatureC = Random.Shared.Next(-20, 55),
        Summary = Summaries[Random.Shared.Next(Summaries.Length)]
    })
    .ToArray();
}
```

启动项目并调用接口。

通过 DEBUG 可以看到，我们成功获取到了值，如图 6-10 所示。

● 图 6-10

▶▶ 6.3.2 FileConfigurationProvider 文件配置提供程序

FileConfigurationProvider 是文件配置提供程序，也是最常用到的一种，就是 appsettings.json 文件配置。

除了 json 文件，ASP.NET Core 还支持 INI 和 XML 文件的配置提供程序，它们分别如下。

- JsonConfigurationProvider 从 JSON 文件键值对加载配置。
- IniConfigurationProvider 在运行时从 INI 文件键值对加载配置。
- XmlConfigurationProvider 在运行时从 XML 文件键值对加载配置。

我们来添加 appsettings.ini 和 appsettings.xml 文件。

appsettings.ini：

```
TestIniKey="Ini Value"
```

appsettings.xml：

```
<?xml version="1.0" encoding="utf-8" ? >
<configuration>
```

```
<TestXmlKey>XML Value</TestXmlKey>
</configuration>
```

在 **Program** 中添加配置文件。

```
builder.Configuration.AddIniFile("appsettings.ini");
builder.Configuration.AddXmlFile("appsettings.xml");
```

在控制器中测试读取配置。通过图 **6-11** 可以看到成功读取了 **Ini** 和 **Xml** 文件中的配置内容。

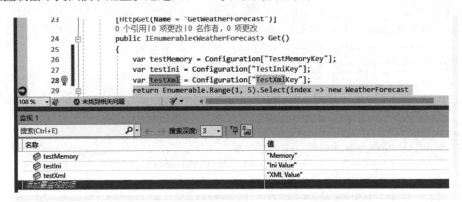

● 图 6-11

▶▶ 6.3.3 自定义配置提供程序

除了上面自带的配置提供程序以外，还可以自定义属于自己的配置提供程序。

自定义配置提供程序可以用于对接一些配置中心，从配置中心读取/更新配置文件，常见的有我们熟悉的阿波罗（Apollo）配置中心，其中的 **SDK** 就提供了阿波罗配置提供程序。

可以通过实现 **IConfigurationSource** 接口和继承 **ConfigurationProvider** 来创建自定义配置提供程序。

这里直接看看 apollo.net 中 ApolloConfigurationProvider 源码的实现。

```
using Com.Ctrip.Framework.Apollo.Core.Utils;
using Com.Ctrip.Framework.Apollo.Internals;
namespace Com.Ctrip.Framework.Apollo;
public class ApolloConfigurationProvider : ConfigurationProvider,
IRepositoryChangeListener, IConfigurationSource, IDisposable
{
    internal string? SectionKey{ get; }
    internal IConfigRepositoryConfigRepository { get; }
    private Task? _initializeTask;
    private int _buildCount;
    public ApolloConfigurationProvider(string? sectionKey,
```

```
IConfigRepositoryconfigRepository)
    {
SectionKey = sectionKey;
ConfigRepository = configRepository;
ConfigRepository.AddChangeListener(this);
        _initializeTask = ConfigRepository.Initialize();
    }
    public override void Load()
    {
Interlocked.Exchange(ref _initializeTask,
null)?.ConfigureAwait(false).GetAwaiter().GetResult();
SetData(ConfigRepository.GetConfig());
    }
    protected virtual void SetData(Properties properties)
    {
        var data = new Dictionary<string,
string>(StringComparer.OrdinalIgnoreCase);
        foreach (var key in properties.GetPropertyNames())
        {
            if (string.IsNullOrEmpty(SectionKey))
                data[key] = properties.GetProperty(key) ?? string.Empty;
            else
                data[ $"{SectionKey}{ConfigurationPath.KeyDelimiter}{key}"] = properties.
GetProperty(key) ?? string.Empty;
        }
        Data = data;
    }
    void IRepositoryChangeListener.OnRepositoryChange(string namespaceName,
Properties newProperties)
    {
SetData(newProperties);
OnReload();
    }
IConfigurationProviderIConfigurationSource.Build(IConfigurationBuilder builder)
    {
Interlocked.Increment(ref _buildCount);
        return this;
    }
    public void Dispose()
    {
        if (Interlocked.Decrement(ref _buildCount) == 0)
ConfigRepository.RemoveChangeListener(this);
    }
    public override string ToString() =>string.IsNullOrEmpty(SectionKey)
```

```
                   ? $"apollo {ConfigRepository}"
        : $"apollo {ConfigRepository}[{SectionKey}]";
}
```

可以看到这里是通过 IConfigRepository 去获取和监听阿波罗配置中心中的配置，获取和监听
到配置时，调用 SetData 更新配置内容。

我们看一下 IConfigRepository 的实现。

```
using Com.Ctrip.Framework.Apollo.Util.Http;
#if NET40
using System.Reflection;
#else
using System.Runtime.ExceptionServices;
using System.Web;
#endif
namespace Com.Ctrip.Framework.Apollo.Internals;
internal class RemoteConfigRepository : AbstractConfigRepository
{
    private static readonly Func<Action<LogLevel, string, Exception? >> Logger
= () =>LogManager.CreateLogger(typeof(RemoteConfigRepository));
    private static readonlyTaskFactoryExecutorService = new(new
LimitedConcurrencyLevelTaskScheduler(5));
    private readonlyConfigServiceLocator _serviceLocator;
    private readonlyHttpUtil _httpUtil;
    private readonlyIApolloOptions _options;
    private readonlyRemoteConfigLongPollService _remoteConfigLongPollService;
    private volatile ApolloConfig? _configCache;
    private volatile ServiceDto? _longPollServiceDto;
    private volatile ApolloNotificationMessages? _remoteMessages;
    private ExceptionDispatchInfo? _syncException;
    private readonly Timer _timer;
    public RemoteConfigRepository(string @ namespace,
IApolloOptionsconfigUtil,
HttpUtilhttpUtil,
ConfigServiceLocatorserviceLocator,
RemoteConfigLongPollServiceremoteConfigLongPollService) : base(@ namespace)
    {
        _options = configUtil;
        _httpUtil = httpUtil;
        _serviceLocator = serviceLocator;
        _remoteConfigLongPollService = remoteConfigLongPollService;
        _timer = new(SchedulePeriodicRefresh);
    }
    public override async Task Initialize()
```

```
    {
        await SchedulePeriodicRefresh(true).ConfigureAwait(false);
        _timer.Change(_options.RefreshInterval, _options.RefreshInterval);
        _remoteConfigLongPollService.Submit(Namespace, this);
    }
    public override Properties GetConfig()
    {
        _syncException?.Throw();
        return TransformApolloConfigToProperties(_configCache);
    }
    private async void SchedulePeriodicRefresh(object _) => await
SchedulePeriodicRefresh(false).ConfigureAwait(false);
    private async Task SchedulePeriodicRefresh(bool isFirst)
    {
        try
        {
            Logger().Debug($"refresh config for namespace: {Namespace}");
            await Sync(isFirst).ConfigureAwait(false);
        }
        catch (Exception ex)
        {
            _syncException = ExceptionDispatchInfo.Capture(ex);
            Logger().Warn($"refresh config error for namespace: {Namespace}", ex);
        }
    }
    private async Task Sync(bool isFirst)
    {
        var previous = _configCache;
        var current = await LoadApolloConfig(isFirst).ConfigureAwait(false);
        //reference equals 表示 HTTP 304
        if (!ReferenceEquals(previous, current))
        {
            Logger().Debug("Remote Config refreshed!");
            _configCache = current;
            _syncException = null;
FireRepositoryChange(Namespace, GetConfig());
        }
    }
    private async Task<ApolloConfig? >LoadApolloConfig(bool isFirst)
    {
        var appId = _options.AppId;
        var cluster = _options.Cluster;
        var dataCenter = _options.DataCenter;
        var configServices = await
_serviceLocator.GetConfigServices().ConfigureAwait(false);
```

```
        Exception? exception = null;
        Uri? url = null;
        var notFound = false;
        for (var i = 0; i< (isFirst ? 1 : 2); i++)
        {
IList<ServiceDto>randomConfigServices = configServices.OrderBy(_
=>Guid.NewGuid()).ToList();
            //访问先通知客户端的服务器
            var longPollServiceDto = Interlocked.Exchange(ref
_longPollServiceDto, null);
            if (longPollServiceDto ! = null)
            {
randomConfigServices.Insert(0, longPollServiceDto);
            }
            foreach (var configService in randomConfigServices)
            {
url = AssembleQueryConfigUrl(configService.HomepageUrl, appId, cluster,
Namespace, dataCenter, _remoteMessages!, _configCache!);
                Logger().Debug($"Loading config from {url}");
                try
                {
                    var response = await
_httpUtil.DoGetAsync<ApolloConfig? >(url).ConfigureAwait(false);
                    if (response.StatusCode == HttpStatusCode.NotModified)
                    {
                        Logger().Debug("Config server responds with 304 HTTP
status code.");
                        return _configCache!;
                    }
                    var result = response.Body;
                    Logger().Debug($"Loaded config for {Namespace}:
{result?.Configurations?.Count ?? 0}");
                    return result;
                }
                catch (ApolloConfigStatusCodeException ex)
                {
                    var statusCodeException = ex;
                    //未找到配置
                    if (ex.StatusCode == HttpStatusCode.NotFound)
                    {
notFound = true;
                        var message = $"Could not find config for namespace - appId: {appId},
cluster: {cluster}, namespace: {Namespace}, please check whether the configs are released
in Apollo!";
```

```
statusCodeException = new(ex.StatusCode, message);
                }
                Logger().Warn(statusCodeException);
                exception = statusCodeException;
            }
            catch (Exception ex)
            {
                Logger().Warn("Load apollo config fail from " + configService, ex);

                exception = ex;
            }
        }
#if NET40
        await TaskEx.Delay(1000).ConfigureAwait(false);
#else
        await Task.Delay(1000).ConfigureAwait(false);
#endif
    }
    if (notFound)
        return null;
    var fallbackMessage = $"Load Apollo Config failed - appId: {appId}, cluster:
{cluster}, namespace: {Namespace}, url: {url}";

    throw new ApolloConfigException(fallbackMessage, exception!);
}
private Uri AssembleQueryConfigUrl(string uri,
    string appId,
    string cluster,
    string? namespaceName,
    string? dataCenter,
ApolloNotificationMessages? remoteMessages,
ApolloConfig? previousConfig)
{
    if (!uri.EndsWith("/", StringComparison.Ordinal))
    {
uri += "/";
    }
    //看起来,.Net 将为我们处理所有的 Url 编码
    var path = $"configs/{appId}/{cluster}/{namespaceName}";
    var uriBuilder = new UriBuilder(uri + path);
#if NETFRAMEWORK
    //不要使用 HttpUtility.ParseQueryString(),.NET Framework 里会死锁
    var query = new Dictionary<string, string>();
#else
```

```
            var query = HttpUtility.ParseQueryString("");
#endif
        if (previousConfig != null)
        {
            query["releaseKey"] = previousConfig.ReleaseKey;
        }
        if (!string.IsNullOrEmpty(dataCenter))
        {
            query["dataCenter"] = dataCenter!;
        }
        var localIp = _options.LocalIp;
        if (!string.IsNullOrEmpty(localIp))
        {
            query["ip"] = localIp;
        }
        if (remoteMessages != null)
        {
            query["messages"] = JsonUtil.Serialize(remoteMessages);
        }
#if NETFRAMEWORK
uriBuilder.Query = QueryUtils.Build(query);
#else
uriBuilder.Query = query.ToString();
#endif
        return uriBuilder.Uri;
    }
    private static Properties TransformApolloConfigToProperties(ApolloConfig?
apolloConfig) =>
apolloConfig?.Configurations == null ? new() : new
Properties(apolloConfig.Configurations);
    public void OnLongPollNotified(ServiceDtolongPollNotifiedServiceDto,
ApolloNotificationMessagesremoteMessages)
    {
        _longPollServiceDto = longPollNotifiedServiceDto;
        _remoteMessages = remoteMessages;

ExecutorService.StartNew(async () =>
    {
        try
        {
            await Sync(false).ConfigureAwait(false);
        }
        catch (Exception ex)
        {
```

```
            Logger().Warn($"Sync config failed, will retry. Repository {GetType()},
reason: {ex.GetDetailMessage()}");
            }
        });
    }
    private bool _disposed;
    protected override void Dispose(bool disposing)
    {
        if (_disposed)
            return;
        if (disposing)
        {
            _timer.Dispose();
        }
        //释放非托管资源
        _disposed = true;
    }
    public override string ToString() => $"remote {_options.AppId} {Namespace}";
}
#if NET40
internal sealed class ExceptionDispatchInfo
{
    private readonly object _source;
    private readonly string _stackTrace;
    private const BindingFlagsPrivateInstance = BindingFlags.Instance |
BindingFlags.NonPublic;
    private static readonlyFieldInfoRemoteStackTrace =
typeof(Exception).GetField("_remoteStackTraceString", PrivateInstance)!;
    private static readonlyFieldInfo Source =
typeof(Exception).GetField("_source", PrivateInstance)!;
    private static readonlyMethodInfoInternalPreserveStackTrace =
typeof(Exception).GetMethod("InternalPreserveStackTrace", PrivateInstance)!;

    private ExceptionDispatchInfo(Exception source)
    {
SourceException = source;
        _stackTrace = SourceException.StackTrace + Environment.NewLine;
        _source = Source.GetValue(SourceException);
    }
    public Exception SourceException { get; }
    public static ExceptionDispatchInfo Capture(Exception source)
    {
        if (source == null) throw new ArgumentNullException(nameof(source));
        return new(source);
```

```
    }
    public void Throw()
    {
        try
        {
            throw SourceException;
        }
        catch
        {
InternalPreserveStackTrace.Invoke(SourceException, new object[0]);
RemoteStackTrace.SetValue(SourceException, _stackTrace);
Source.SetValue(SourceException, _source);
            throw;
        }
    }
}
#endif
```

可以看到这里就是通过 API 从阿波罗（Apollo）获取配置。

如果我们想实现一个配置中心，可以参考它实现一个自己的配置提供程序。

6.4 配置绑定

通过 Configuration Binding 可以将配置值绑定到.NET 对象的属性上，通过配置绑定，可以将配置数据直接映射到应用程序中的对象，而不需要手动解析和转换配置值。

```
public class TestConfig
{
        public string TestConfigKey{ get; set; }
}
```

新建一个 TestConfig 类，在 appsettings.json 中添加一个配置。

```
"TestConfig": {
    "TestConfigKey": "TEST"
}
```

使用 Configuration.Bind( ) 进行配置绑定，如图 6-12 所示。

通过 Debug 可以清楚地看到，appsettings.json 中的 TestConfigKey 值已经成功绑定到我们的类实例中，如图 6-13 所示。

通过使用 ASP.NET Core 的 Configuration 组件，可以轻松地管理应用程序的配置数据，并在不同环境中进行灵活配置。它提供了一种统一的方式来加载、访问和更新配置数据，使得应用程序的配置变得更加简单且可维护。

```csharp
[HttpGet(Name = "GetWeatherForecast")]
0 个引用 | 0 项更改 | 0 名作者，0 项更改
public IEnumerable<WeatherForecast> Get()
{
    var testMemory = Configuration["TestMemoryKey"];
    var testIni = Configuration["TestIniKey"];
    var testXml = Configuration["TestXmlKey"];
    var testConfig = new TestConfig();
    Configuration.Bind("TestConfig", testConfig);

    return Enumerable.Range(1, 5).Select(index => new WeatherForecast
    {
        Date = DateOnly.FromDateTime(DateTime.Now.AddDays(index)),
        TemperatureC = Random.Shared.Next(-20, 55),
        Summary = Summaries[Random.Shared.Next(Summaries.Length)]
    })
    .ToArray();
}
```

● 图 6-12

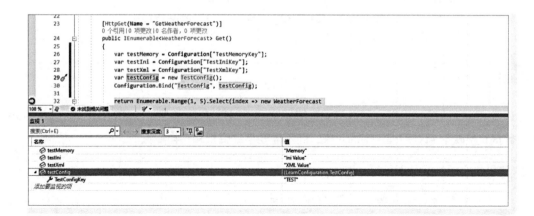

● 图 6-13

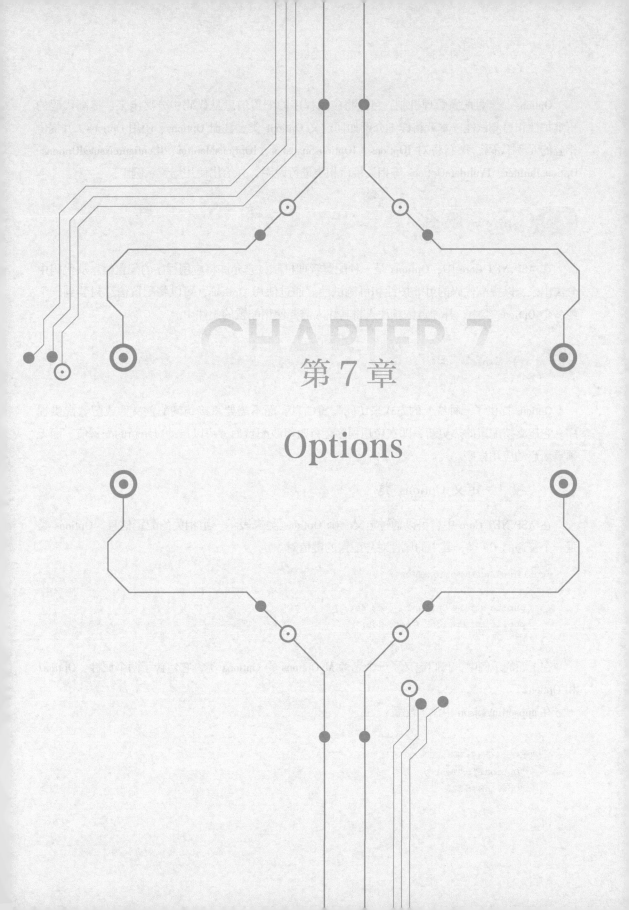

第 7 章

Options

Options 是一种配置管理机制，可以将应用程序的配置信息从代码中分离出来，提高代码的可维护性和可测试性。本章将详细介绍如何定义 Options 类、注册 Options、使用 Options，并提供相应的示例代码。我们将对 IOptions、IOptionsSnapshot、IOptionsMonitor、IConfigureNamedOptions、OptionsBuilder、IValidateOptions 等相关接口和类进行说明，并给出使用场景示例。

7.1 Options 概述

在 ASP.NET Core 中，Options 是一种配置管理机制，它允许将应用程序的配置信息从代码中分离出来，以提高代码的可维护性和可测试性。通过使用 Options，可以将配置信息封装到一个或多个 Options 类中，并通过依赖注入将其注入需要使用配置的组件中。

7.2 Options 使用方式

Options 提供了一种统一的方式来访问配置信息，而不需要直接访问配置文件或配置提供程序。它还支持配置的热更新，即在应用程序运行时修改配置后，可以自动应用新的配置值，而无须重新启动应用程序。

▶▶ 7.2.1 定义 Options 类

在 ASP.NET Core 中，可以通过定义一个 Options 类来表示一组相关的配置信息。Options 类是一个普通的 C# 类，其中的属性对应配置的键值对。

```
public class MyOptions
{
    public string Option1 { get; set; }
    public int Option2 { get; set; }
}
```

在上面的示例中，我们定义了一个名为 MyOptions 的 Options 类，它包含了两个属性：Option1 和 Option2。

在 appsettings.json 中添加配置：

```
{
  "MyOptions": {
    "Option1": "Test",
    "Option2": 123
  }
}
```

▶▶ 7.2.2 注册 Options

要在 ASP.NET Core 中使用 Options，需要将 Options 类注册到依赖注入容器中。可以通过在 ConfigureServices 方法中调用 services.Configure<TOptions>(Configuration.GetSection("SectionName")) 来完成注册。

```
public void ConfigureServices(IServiceCollection services)
{
    services.Configure<MyOptions>(Configuration.GetSection("MyOptions"));
}
```

使用 WebApplication 则这样操作：

```
builder.Services.Configure<MyOptions>(builder.Configuration.GetSection("MyOptions"));
```

在上面的示例中，将 MyOptions 类注册为一个 Options，并指定了配置文件中的名称为 "MyOptions"。

▶▶ 7.2.3 使用 Options

在需要使用配置的组件中，可以通过依赖注入将 Options 注入，并通过直接访问 Options 类的属性来获取配置值。

```
public class WeatherForecastController :ControllerBase
{
    private static readonly string[] Summaries = new[]
    {
    "Freezing", "Bracing", "Chilly", "Cool", "Mild", "Warm", "Balmy", "Hot",
"Sweltering", "Scorching"
    };

    private readonlyMyOptions _options;
    private readonlyILogger<WeatherForecastController> _logger;
    public WeatherForecastController(ILogger<WeatherForecastController>
logger, MyOptions options)
    {
        _logger = logger;
        _options = options;
    }
    [HttpGet(Name = "GetWeatherForecast")]
    public IEnumerable<WeatherForecast> Get()
    {
        // 使用配置值
        var option1Value = _options.Option1;
```

```
        var option2Value = _options.Option2;
        return Enumerable.Range(1, 5).Select(index => new WeatherForecast
        {
            Date = DateOnly.FromDateTime(DateTime.Now.AddDays(index)),
TemperatureC = Random.Shared.Next(-20, 55),
            Summary = Summaries[Random.Shared.Next(Summaries.Length)]
        })
        .ToArray();
    }
}
```

在上面的示例中，通过构造函数注入了 IOptions<MyOptions>，并在 WeatherForecastController 中使用了配置值。

如图 7-1 所示，通过 Debug 可以看到正常获取值。

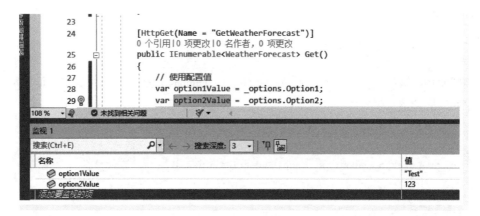

● 图 7-1

7.3 IOptions、IOptionsSnapshot 和 IOptionsMonitor

在 ASP.NET Core 中，有三个主要的 Options 接口：IOptions、IOptionsSnapshot 和 IOptionsMonitor，它们在不同的场景下提供了不同的配置值获取方式。

IOptions：在每次调用时返回相同的配置值，适用于获取配置值后不会发生变化的场景。

IOptionsSnapshot：在每次调用时返回最新的配置值，适用于获取配置值可能会发生变化的场景。

IOptionsMonitor：实时监控配置值的变化，并在配置值发生变化时提供新的配置值，适用于需要实时响应配置变化的场景。

下面把 Options 分为三种模式注入。

```
public class WeatherForecastController :ControllerBase
{
    private static readonly string[] Summaries = new[]
    {
    "Freezing", "Bracing", "Chilly", "Cool", "Mild", "Warm", "Balmy", "Hot",
    "Sweltering", "Scorching"
    };
    private readonlyMyOptions _options;
    private readonlyMyOptions _options2;
    private MyOptions _options3;
    private readonlyILogger<WeatherForecastController> _logger;
    public WeatherForecastController(ILogger<WeatherForecastController>
logger, IOptions<MyOptions> options, IOptionsSnapshot<MyOptions> options2,
IOptionsMonitor<MyOptions> options3)
    {
        _logger = logger;
        _options = options.Value;
        _options2 = options2.Value;
        _options3 = options3.CurrentValue;
        options3.OnChange(o => _options3 = options3.CurrentValue);
    }
    [HttpGet(Name = "GetWeatherForecast")]
    public IEnumerable<WeatherForecast> Get()
    {
        // 使用配置值
        var option1Value = _options.Option1;
        var option2Value = _options.Option2;
        return Enumerable.Range(1, 5).Select(index => new WeatherForecast
        {
            Date = DateOnly.FromDateTime(DateTime.Now.AddDays(index)),
TemperatureC = Random.Shared.Next(-20, 55),
            Summary = Summaries[Random.Shared.Next(Summaries.Length)]
        })
        .ToArray();
    }
}
```

首次请求，如图 7-2 所示，可以看到三个内容都是一致的。

接下来修改一下配置文件，注意，不需要重启服务。

● 图 7-2

```json
{
  "Logging": {
    "LogLevel": {
      "Default": "Information",
      "Microsoft.AspNetCore": "Warning"
    }
  },
  "AllowedHosts": "*",
  "MyOptions": {
    "Option1": "Test2222",
    "Option2": 123456
  }
}
```

再次请求，可以看到 IOptionsSnapshot 和 IOptionsMonitor 都发生了变化。

如图 7-3 所示，这里可以看到 IOptionsMonitor 获取内容不是 Value，而是 CurrentValue，因为它是实时发生更新变化的。如果需要获取最新变化的值，则可以使用 OnChange 监听变化，然后重新给属性赋值。

比如后台任务，或者一些单例服务，在第一次构造器注入 Options 之后，就不会变化的场景，可以用这种方式更新 Options 的值。

● 图 7-3

IConfigureNamedOptions、OptionsBuilder 和 IValidateOptions

IConfigureNamedOptions<TOptions>：用于配置特定名称的 Options 对象。可以通过实现该接口来为特定的 Options 类提供配置。

比如：

```
builder.Services.Configure<MyOptions>(builder.Configuration.GetSection("MyOptions"));
builder.Services.Configure<MyOptions>("Abcd",builder.Configuration.GetSection
("MyOptions"));
```

OptionsBuilder<TOptions>：用于配置 Options 对象。可以通过调用 Configure 方法来为 Options 类进行配置。

```
builder.Services.AddOptions<MyOptions>("OptionsBuilderOptions")
.Configure(o =>
{
        o.Option1 = "OptionsBuilderOptions";
```

```
        o.Option2 = 999;
    });
```

启动服务 DEBUG 检验一下，如图 7-4 所示，发现成功取到值了。

```
25            _options3 = options3.CurrentValue;
26            options3.OnChange(o => _options3 = options3.CurrentValue);
27
28            var nameOption = options2.Get("Abcd");
29            var nameOption2 = options3.Get("OptionsBuilderOptions");
30
31
32        [HttpGet(Name = "GetWeatherForecast")]
          0 个引用|0 项更改|0 名作者，0 项更改
33        public IEnumerable<WeatherForecast> Get()
34        {
35            // 使用配置值
36            var option1Value = _options.Option1;
37            var option2Value = _options.Option2;
38            return Enumerable.Range(1, 5).Select(index => new WeatherForecast
39            {
40                Date = DateOnly.FromDateTime(DateTime.Now.AddDays(index)),
41                TemperatureC = Random.Shared.Next(-20, 55),
```

```
监视 1
搜索(Ctrl+E)              搜索深度: 3
名称                                        值
▲ nameOption                               {LearnOptions.MyOptions}
    Option1                                "Test2222"
    Option2                                123456789
▲ nameOption2                              {LearnOptions.MyOptions}
    Option1                                "OptionsBuilderOptions"
    Option2                                999
添加要监视的项
```

● 图 7-4

这里需要注意的是 IOptions<>是没有 Get 的方法的，要获取对应名称的 Options，只能通过 IOptionsSnapshot<>或 IOptionsMonitor<>。

IValidateOptions<TOptions>：用于验证 Options 对象的配置。可以通过实现该接口来对 Options 进行验证。

```
public class MyOptionsValidator :IValidateOptions<MyOptions>
{
    public ValidateOptionsResult Validate(string name, MyOptions options)
    {
        // 验证 Options 的配置
        if (options.Option1 == null)
        {
            return ValidateOptionsResult.Fail("Option1 must be specified.");
        }
        return ValidateOptionsResult.Success;
    }
}
```

```
builder.Services.AddOptions<MyOptions>("ValidateOptions")
.Configure(o =>
    {
        o.Option1 = null;
        o.Option2 = 999;
    });
builder.Services.AddSingleton<IValidateOptions, MyOptionsValidateOptions>();

public WeatherForecastController(ILogger<WeatherForecastController> logger,
IOptions<MyOptions> options, IOptionsSnapshot<MyOptions> options2,
IOptionsMonitor<MyOptions> options3)
{
        _logger = logger;
        _options = options.Value;
        _options2 = options2.Value;
        _options3 = options3.CurrentValue;
        options3.OnChange(o => _options3 = options3.CurrentValue);
        var nameOption = options2.Get("Abcd");
        var nameOption2 = options3.Get("OptionsBuilderOptions");
        var nameOption3 = options3.Get("ValidateOptions");
}
```

启动服务，发出请求，如图 7-5 所示，可以发现报错了。

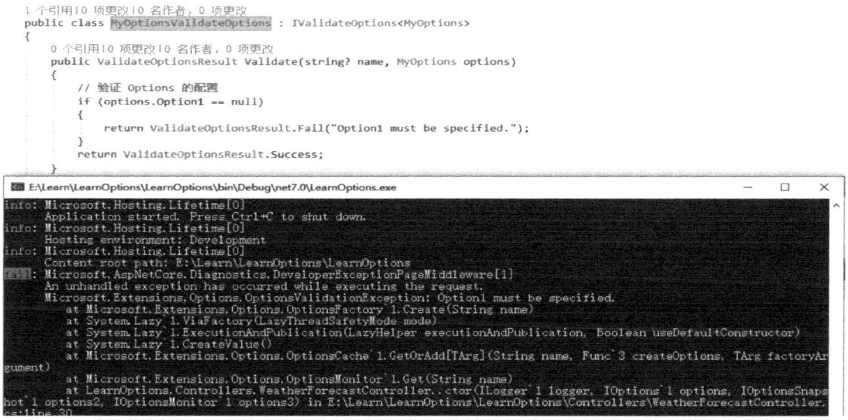

• 图 7-5

　　通过合理使用 Options，可以更好地管理和配置 ASP.NET Core 应用程序。本章详细介绍了 Options 的概念和使用方法，并对相关接口和类进行了说明和示例。通过使用 Options，可以将配置信息从代码中分离出来，提高代码的可维护性和可测试性，同时还能实现配置的热更新和实时响应配置变化。

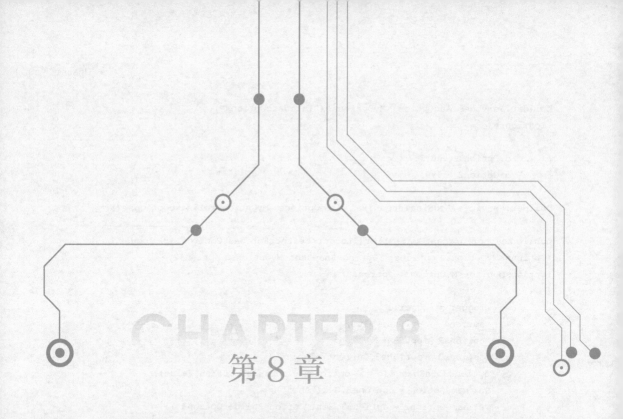

第 8 章

ASP. NET Core中的日志

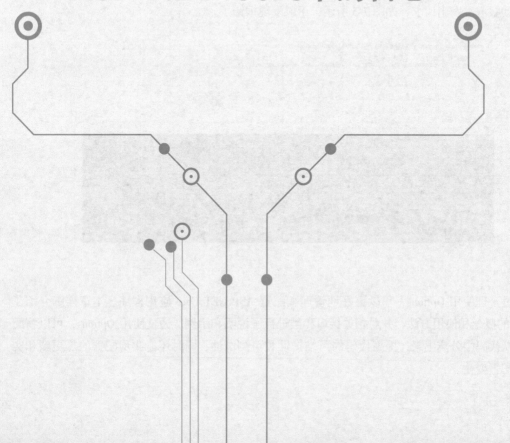

日志记录在应用程序开发中起着至关重要的作用，它可以帮助开发人员诊断和调试问题，同时也是监控和性能优化的重要工具。ASP.NET Core 提供了强大且灵活的日志记录功能，本章将详细介绍 ASP.NET Core 中的日志记录，包括日志配置、日志类别级别、使用场景、使用方式，以及日志记录提供程序。

8.1 日志配置

在 ASP.NET Core 中，日志记录是通过日志记录提供程序（Logging Provider）来实现的。首先，需要在应用程序中进行日志配置。

下面的代码将重写由 WebApplication.CreateBuilder 添加的一组默认的日志记录提供程序：

```
var builder =WebApplication.CreateBuilder(args);
builder.Logging.ClearProviders();
builder.Logging.AddConsole();
```

或者使用这种方式配置：

```
var builder =WebApplication.CreateBuilder();
builder.Host.ConfigureLogging(logging =>
{
logging.ClearProviders();
logging.AddConsole();
});
```

以上两种配置方式是等价的。但是官方建议使用第一种方式，如图 8-1 所示。

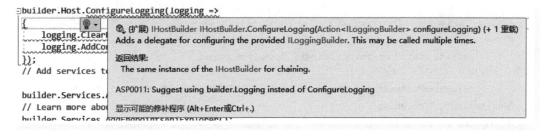

● 图 8-1

创建的默认 ASP.NET Core 模板中 appsettings.json 已经包含了默认的日志配置参数：

```
{
  "Logging": {
    "LogLevel": {
      "Default": "Information",
```

```
    "Microsoft.AspNetCore": "Warning"
    }
  }
}
```

在上述 JSON 中，指定了"Default"和"Microsoft.AspNetCore"类别。

"Microsoft.AspNetCore"类别适用于以"Microsoft.AspNetCore"开头的所有类别。例如，此设置适用于"Microsoft.AspNetCore.Routing.EndpointMiddleware"类别。

"Microsoft.AspNetCore"类别在日志级别 Warning 或更高级别记录。

未指定特定的日志提供程序，因此 LogLevel 适用于所有启用的日志记录提供程序，但 Windows EventLog 除外。

这里的类别其实就是指我们的命名空间，Microsoft.AspNetCore 就是指 Microsoft.AspNetCore 开头的所有命名空间。Default 表示默认，即没有指定特定命名空间日志级别时所用的级别。

接下来添加自己的日志级别：

```
{
  "Logging": {
    "LogLevel": {
      "Default": "Information",
      "Microsoft.AspNetCore": "Warning",
      "LearnLogging": "Trace"
    }
  }
}
```

在控制器中记录日志：

```
public class WeatherForecastController :ControllerBase
{
    private static readonly string[] Summaries = new[]
    {
    "Freezing", "Bracing", "Chilly", "Cool", "Mild", "Warm", "Balmy", "Hot",
"Sweltering", "Scorching"
    };
    private readonlyILogger<WeatherForecastController> _logger;
    public WeatherForecastController(ILogger<WeatherForecastController> logger)
    {
        _logger = logger;
    }
    [HttpGet(Name = "GetWeatherForecast")]
    public IEnumerable<WeatherForecast> Get()
    {
        _logger.LogTrace("LogTrace");
```

```
        _logger.LogDebug("LogDebug");
        _logger.LogInformation("LogInformation");
        _logger.LogWarning("LogWarning");
        _logger.LogError("LogError");
        _logger.LogCritical("LogCritical");
        return Enumerable.Range(1, 5).Select(index => new WeatherForecast
        {
            Date = DateOnly.FromDateTime(DateTime.Now.AddDays(index)),
TemperatureC = Random.Shared.Next(-20, 55),
            Summary = Summaries[Random.Shared.Next(Summaries.Length)]
        })
        .ToArray();
    }
}
```

启动服务发起请求:

如图 8-2 所示,可以看到所有日志都输出了。

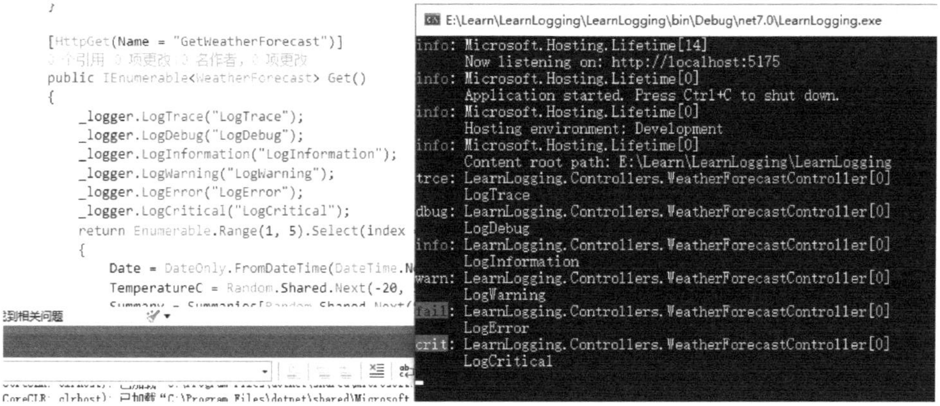

• 图 8-2

再把日志级别修改一下,改成 **Warning**。

```
{
  "Logging": {
    "LogLevel": {
      "Default": "Information",
      "Microsoft.AspNetCore": "Warning",
      "LearnLogging": "Warning"
    }
  }
}
```

再次启动服务发起请求：

如图 8-3 所示，可以看到，现在只显示 Warning 级别以上的日志。

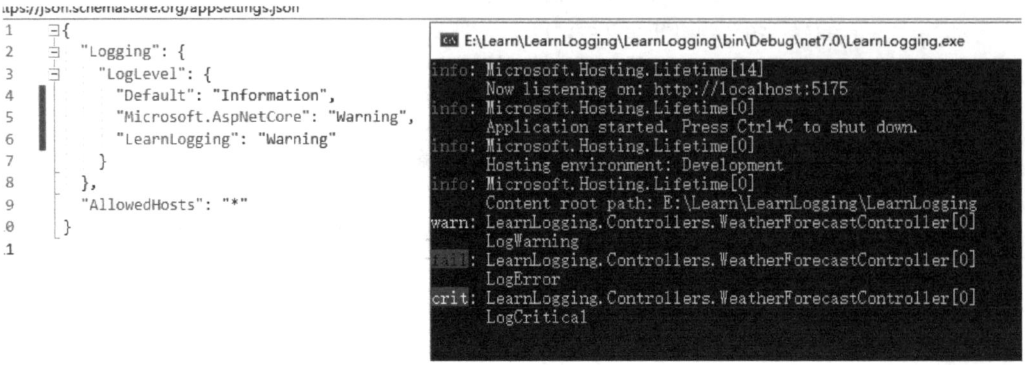

• 图 8-3

除上述全局的配置以外，还可以单独配置日志提供程序。以下是一个官方配置示例：

```
{
  "Logging": {
    "LogLevel": { // 没有提供程序，LogLevel 适用于所有启用的提供程序
      "Default": "Error",
      "Microsoft": "Warning",
      "Microsoft.Hosting.Lifetime": "Warning"
    },
    "Debug": { // 调试提供程序.
      "LogLevel": {
        "Default": "Information" // 覆盖 LogLevel 之前的内容:默认设置.
      }
    },
    "Console": {
      "IncludeScopes": true,
      "LogLevel": {
        "Microsoft.AspNetCore.Mvc.Razor.Internal": "Warning",
        "Microsoft.AspNetCore.Mvc.Razor.Razor": "Debug",
        "Microsoft.AspNetCore.Mvc.Razor": "Error",
        "Default": "Information"
      }
    },
    "EventSource": {
      "LogLevel": {
        "Microsoft": "Information"
      }
```

```
    },
    "EventLog": {
      "LogLevel": {
        "Microsoft": "Information"
      }
    },
    "AzureAppServicesFile": {
      "IncludeScopes": true,
      "LogLevel": {
        "Default": "Warning"
      }
    },
    "AzureAppServicesBlob": {
      "IncludeScopes": true,
      "LogLevel": {
        "Microsoft": "Information"
      }
    },
    "ApplicationInsights": {
      "LogLevel": {
        "Default": "Information"
      }
    }
  }
}
```

在上述示例中，类别和级别不是建议的值。提供该示例是为了显示所有默认提供程序。

Logging.{PROVIDER NAME}.LogLevel 中的设置会覆盖 Logging.LogLevel 中的设置，其中 {PROVIDER NAME} 占位符是提供程序名称。例如，Debug.LogLevel.Default 中的级别将替代 LogLevel.Default 中的级别。

将使用每个默认提供程序别名。每个提供程序都定义了一个别名；可在配置中使用该别名来代替完全限定的类型名称。内置提供程序别名包括：

- Console。
- Debug。
- EventSource。
- EventLog。
- AzureAppServicesFile。
- AzureAppServicesBlob。

在 ASP.NET Core 中，可以通过配置来设置和管理日志记录。以下是 ASP.NET Core 中配置日志的常用方式。

1）使用 appsettings.json 文件：可以在 appsettings.json 文件中配置日志提供程序和其相关设置。可以使用 Logging 节点来配置全局的日志设置，如日志级别、日志输出位置等。可以使用 Serilog、NLog、Log4Net 等第三方库来扩展日志功能。

2）使用环境变量：可以使用环境变量来配置日志设置。可以在环境变量中设置 Logging__LogLevel__Default、Logging__File__Path 等变量来指定日志级别和日志文件路径。

3）使用命令行参数：可以通过命令行参数来配置日志设置。可以在启动应用程序时使用 --Logging:LogLevel:Default、--Logging:File:Path 等参数来指定日志级别和日志文件路径。

4）在代码中配置：除了使用配置文件和环境变量外，还可以在代码中直接配置日志设置。可以在 Startup 类的 ConfigureServices 方法中使用 AddLogging 方法来配置日志提供程序和其相关设置。

通过以上方式，可以根据需要配置和管理 ASP.NET Core 应用程序的日志记录。可以选择不同的日志提供程序，如控制台日志、文件日志、数据库日志等，并设置相应的日志级别和输出位置。

8.2 日志类别级别

在前面测试时使用的实例包含了不同级别的日志。

```
_logger.LogTrace("LogTrace");
_logger.LogDebug("LogDebug");
_logger.LogInformation("LogInformation");
_logger.LogWarning("LogWarning");
_logger.LogError("LogError");
_logger.LogCritical("LogCritical");
```

ASP.NET Core 提供了多个日志类别级别，用于控制日志记录的详细程度。以下是常用的日志类别级别。

Trace：最详细的日志级别，适用于跟踪应用程序的内部工作细节。

Debug：用于调试目的的日志级别，适用于开发和测试阶段。

Information：提供应用程序运行过程中的重要信息。

Warning：表示应用程序遇到了一些不严重的问题。

Error：表示应用程序遇到了可恢复的错误。

Critical：表示应用程序遇到了严重的错误，可能导致应用程序崩溃或无法继续运行。

以下为官方说明图，如图 8-4 所示。

在日常开发中，应该选用适合自身业务的日志级别去记录日志。如可以使用 Debug，发布到线上环境时，把日志级别调高，就不会输出 debug 日志信息。同时减少日志输出也可以提高部分性能。

LogLevel	"值"	方法	说明
Trace	0	LogTrace	包含最详细的消息。 这些消息可能包含敏感的应用数据。 这些消息默认情况下处于禁用状态，并且不应在生产中启用。
Debug	1	LogDebug	用于调试和开发。 由于量大，请在生产中小心使用。
Information	2	LogInformation	跟踪应用的常规流。 可能具有长期值。
Warning	3	LogWarning	对于异常事件或意外事件。 通常包括不会导致应用失败的错误或情况。
Error	4	LogError	表示无法处理的错误和异常。 这些消息表示当前操作或请求失败，而不是整个应用失败。
Critical	5	LogCritical	需要立即关注的失败。 例如数据丢失、磁盘空间不足。
None	6		指定日志记录类别不应写入消息。

● 图 8-4

8.3 日志记录提供程序

在上述日志配置中，我们提到了日志提供程序。ASP.NET Core 提供了多种日志记录提供程序，可以将日志信息输出到不同的目标，例如控制台、文件、数据库等。以下是常用的日志记录提供程序。

（1）ConsoleLoggerProvider：将日志信息输出到控制台。

（2）DebugLoggerProvider：将日志信息输出到调试器。

（3）EventLogLoggerProvider：将日志信息输出到 Windows 事件日志。

（4）FileLoggerProvider：将日志信息输出到文件。

添加方法如下：

```
builder.Logging.AddConsole();
builder.Logging.AddDebug();
builder.Logging.AddEventLog();
```

ASP.NET Core 包括以下日志记录提供程序作为共享框架的一部分：

● Console。

● Debug。

● EventSource。

● EventLog。

若需要其他的日志记录提供程序，则可以使用第三方组件。目前常用的第三方日志组件有：Log4Net、NLog、Serilog。

需要的读者可以自行学习和使用这些第三方日志组件，这些组件提供能写入 ELK 日志、文件、数据库等的日志记录提供程序，亦可自行扩展。

8.4 日志使用方式

在大部分使用场景中，都可以直接通过依赖注入 ILogger<T>去使用，如：

```
public WeatherForecastController(ILogger<WeatherForecastController> logger)
{
    _logger = logger;
}
```

在一些特殊场景中，也可以通过注入 ILoggerFactory 去创建指定类别名称的 ILogger 实例。

```
public WeatherForecastController(ILoggerFactoryloggerFactory)
{
    _logger = loggerFactory.CreateLogger<WeatherForecastController>();
    // _logger =
loggerFactory.CreateLogger("LearnLogging.Controllers.WeatherForecastController");
}
```

上面的创建 ILogger 实例都是等价的。根据对应的需求使用不同的方法即可。

8.5 日志使用场景

日志记录在应用程序开发中有多种使用场景，包括但不限于如下。

（1）调试和故障排除：通过记录详细的日志信息，开发人员可以了解应用程序在运行过程中的内部状态，从而更容易定位和修复问题。

（2）性能优化：通过记录关键的性能指标，开发人员可以识别和优化应用程序中的性能瓶颈。

（3）监控和警报：通过记录关键的应用程序事件和错误，可以实时监控应用程序的运行情况，并及时采取措施。

（4）安全审计：记录用户操作和安全事件，以便进行审计和追踪。

ASP.NET Core 中的日志记录功能提供了强大且灵活的工具，帮助开发人员诊断和调试应用程序，优化性能，并监控应用程序的运行情况。通过适当配置日志记录提供程序和选择合适的日志类别级别，开发人员可以根据实际需求记录和处理日志信息。在开发过程中，合理利用日志记录功能将为应用程序的开发和维护带来很大的便利。

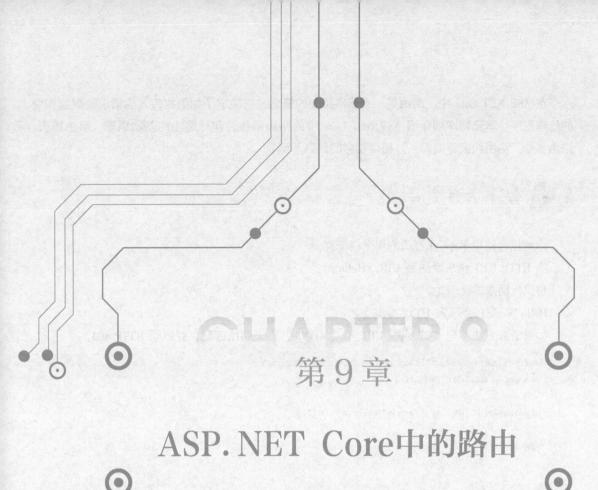

第 9 章

ASP. NET Core中的路由

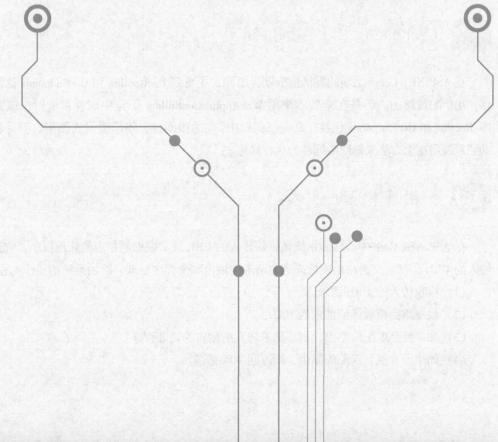

在 ASP.NET Core 中，路由是一个非常重要的概念，它决定了如何将传入的请求映射到相应的处理程序。本章将详细介绍 ASP.NET Core 中的路由系统，包括路由的基本原理、路由模板、路由参数、路由约束等内容，并提供相应的代码示例。

9.1 基本示例

示例包含使用 MapGet 方法的单个终结点。

当 HTTP GET 请求发送到 URL /Hello 时：

将执行请求委托。

Hello World! 会写入 HTTP 响应。

如果请求方法不是 GET 或根 URL 不是 /Hello，则无路由匹配，并返回 HTTP 404。

```
var builder =WebApplication.CreateBuilder(args);
var app = builder.Build();

app.MapGet("/Hello", () => "Hello World!");

app.Run();
```

9.2 UseRouting 和 UseEndpoints

在 ASP.NET Core5 之前的默认模板项目里面，能看到 UseRouting 和 UseEndpoints 这两个中间件，用于配置路由。但是在新版本使用 WebApplicationBuilder 配置中间件管道时，该管道使用 UseRouting 和 UseEndpoints 包装在 Program.cs 中添加的中间件，不需要显式调用。但是也可以手动显示调用这个方法来修改中间件的执行顺序。

9.3 路由基本原理

在 ASP.NET Core 中，路由系统负责将传入的 URL 请求映射到相应的处理程序。它通过匹配传入的 URL 和预定义的路由模板来确定请求应该由哪个程序处理。路由系统的工作流程如下：

（1）接收传入的 URL 请求。

（2）根据路由模板匹配请求的 URL。

（3）如果找到匹配的路由，则将请求转发给相应的处理程序。

（4）如果没有找到匹配的路由，则返回 404 错误。

9.4 路由模板

路由模板是用于定义路由的模式字符串。它可以包含静态文本和占位符，用于匹配传入的 URL。占位符由花括号包围，例如 {controller}、{action} 等。路由模板中的占位符可以用于捕获 URL 中的参数，并将其传递给处理程序。以下是一个示例路由模板：

```
app.MapControllerRoute(
    name: "default",
    pattern: "{controller}/{action}/{id?}",
    defaults: new { controller = "Home", action = "Index" }
);
```

如果路由找到匹配项，{} 内的令牌定义绑定的路由参数。可在路由段中定义多个路由参数，但必须用文本值隔开这些路由参数。

在上面的示例中，{controller}、{action} 和 {id} 是占位符，/是文本值，它们将匹配传入的 URL 中相应的部分。{id?} 中的问号表示参数是可选的。例如，对于 URL /Home/Index/123，controller 的值将是 Home，action 的值将是 Index，id 的值将是 123。

新建一个 HomeController。

```
public class HomeController : Controller
{
    [HttpGet]
    public IActionResult Index(string? id)
    {
        return Ok(new { id });
    }
}
```

然后启动服务请求根路径/和/Home/Index/123。

可以看到图 9-1 和图 9-2，请求顺利。

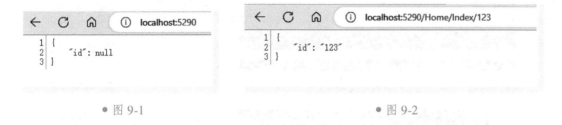

● 图 9-1 　　　　　　　　　　　　　　　　● 图 9-2

需要注意的是，这种路由方式对 ApiController 无效，适合 MVC 模式。只要有 ApiController 特性标签，则必须使用［Route］特性标记路由。

9.5 路由参数

路由参数是从 URL 中捕获的值，它们可以用于向处理程序传递数据。在路由模板中，可以使用占位符来定义路由参数。在处理程序中，可以使用属性路由或参数路由的方式来接收路由参数。

▶▶ 9.5.1 属性路由

属性路由是通过在处理程序的属性上添加路由特性来定义的。属性路由的示例如下：

```
[Route("api/[controller]")]
[ApiController]
public class ValuesController :ControllerBase
{
    [HttpGet("{id}")]
    public IActionResult GetId(int id)
    {
        return Ok(new { id });
    }
}
```

在上面的示例中，[Route("api/[controller]")]表示该控制器的路由模板是 api/[controller]，其中[controller]是一个占位符，它将被控制器的名称替换。[HttpGet("{id}")]表示 GetId 方法的路由模板是{id}，它将匹配传入的 URL 中的 id 参数。使用 swagger 测试响应，如图 9-3 所示。

● 图 9-3

▶▶ **9.5.2** **参数路由**

参数路由是通过在处理程序的方法参数上添加路由特性来定义的。参数路由的示例如下：

```
[HttpGet("GetId/{id}")]
public IActionResultGetIdTow(int id)
{
    return Ok(new { id });
}
```

在上面的示例中，［HttpGet（"GetId/｛id｝"）］表示该方法的路由模板是 GetId/｛id｝，其中 id 是一个占位符，它将匹配传入的 URL 中的 id 参数。使用 swagger 测试响应，如图 9-4 所示。

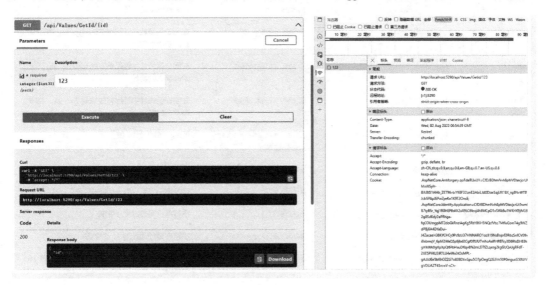

● 图 9-4

9.6 **路由约束**

路由约束用于限制路由模板中参数的值。它可以是预定义的约束，也可以是自定义的约束。预定义的约束包括。

- int：表示参数必须是整数。
- bool：表示参数必须是布尔值。
- datetime：表示参数必须是日期时间。
- decimal：表示参数必须是十进制数。

- double：表示参数必须是双精度浮点数。
- float：表示参数必须是单精度浮点数。
- guid：表示参数必须是 GUID。
- long：表示参数必须是长整数。

图 9-5 是官方给出的约束表格。

约束	示例	匹配项示例	说明
int	{id:int}	123456789, -123456789	匹配任何整数
bool	{active:bool}	true, FALSE	匹配 true 或 false。不区分大小写
datetime	{dob:datetime}	2016-12-31, 2016-12-31 7:32pm	在固定区域性中匹配有效的 DateTime 值。请参阅前面的警告
decimal	{price:decimal}	49.99, -1,000.01	在固定区域性中匹配有效的 decimal 值。请参阅前面的警告
double	{weight:double}	1.234, -1,001.01e8	在固定区域性中匹配有效的 double 值。请参阅前面的警告
float	{weight:float}	1.234, -1,001.01e8	在固定区域性中匹配有效的 float 值。请参阅前面的警告
guid	{id:guid}	CD2C1638-1638-72D5-1638-DEADBEEF1638	匹配有效的 Guid 值
long	{ticks:long}	123456789, -123456789	匹配有效的 long 值
minlength(value)	{username:minlength(4)}	Rick	字符串必须至少为 4 个字符
maxlength(value)	{filename:maxlength(8)}	MyFile	字符串不得超过 8 个字符
length(length)	{filename:length(12)}	somefile.txt	字符串必须正好为 12 个字符
length(min,max)	{filename:length(8,16)}	somefile.txt	字符串必须至少为 8 个字符，且不得超过 16 个字符
min(value)	{age:min(18)}	19	整数值必须至少为 18
max(value)	{age:max(120)}	91	整数值不得超过 120
range(min,max)	{age:range(18,120)}	91	整数值必须至少为 18，且不得超过 120
alpha	{name:alpha}	Rick	字符串必须由一个或多个字母字符组成，a-z，并区分大小写
regex(expression)	{ssn:regex(^\\d{{3}}-\\d{{2}}-\\d{{4}}$)}	123-45-6789	字符串必须与正则表达式匹配。请参阅有关定义正则表达式的提示
required	{name:required}	Rick	用于强制在 URL 生成过程中存在非参数值

● 图 9-5

要在路由模板中使用约束，可以在参数名称后面使用冒号 :，并指定约束的名称。例如 {id:int} 表示 id 参数必须是整数。

我们在 GetIdTow 加上整数和最小值 1 的约束。

```
[Route("api/[controller]")]
[ApiController]
public class ValuesController :ControllerBase
{
    [HttpGet("{id}")]
    public IActionResult GetId(int id)
    {
        return Ok(new { id });
    }
    [HttpGet("GetId/{id:int:min(1)}")]
    public IActionResultGetIdTow(int id)
    {
        return Ok(new { id });
    }
}
```

然后分别尝试字符串和小于 1 的数字，如图 9-6 和图 9-7 所示。

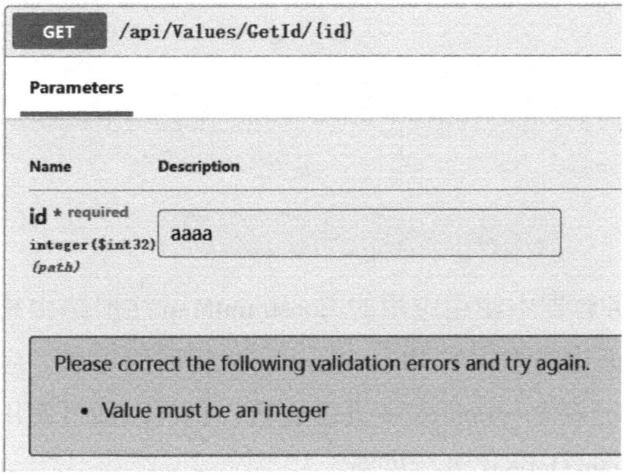

● 图 9-6

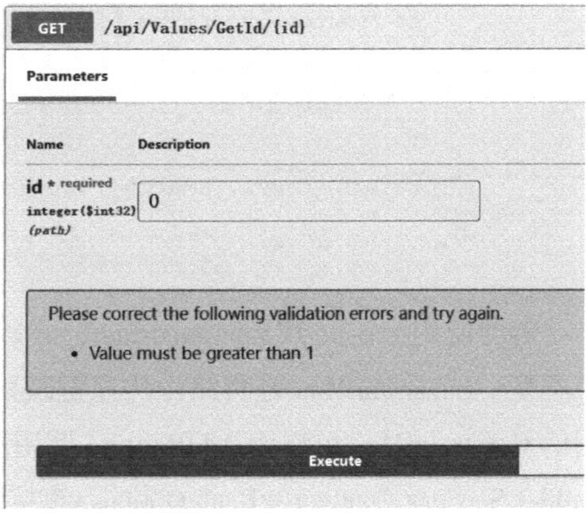

● 图 9-7

自定义的约束可以通过实现 IRouteConstraint 接口来创建。以下是一个官方示例自定义约束的代码，实现 NoZeroesRouteConstraint 可防止将 0 用于路由参数：

```
[ApiController]
[Route("api/[controller]")]
public class NoZeroesController :ControllerBase
{
    [HttpGet("{id:noZeroes}")]
    public IActionResult Get(string id) =>
        Content(id);
```

```
}

public class NoZeroesRouteConstraint :IRouteConstraint
{
    private static readonly Regex _regex = new(
        @"^[1-9]*$",
RegexOptions.CultureInvariant | RegexOptions.IgnoreCase,
TimeSpan.FromMilliseconds(100));

    public bool Match(
HttpContext? httpContext, IRouter? route, string routeKey,
RouteValueDictionary values, RouteDirectionrouteDirection)
    {
        if (!values.TryGetValue(routeKey, out var routeValue))
        {
            return false;
        }
        var routeValueString = Convert.ToString(routeValue,
CultureInfo.InvariantCulture);
        if (routeValueString is null)
        {
            return false;
        }
        return _regex.IsMatch(routeValueString);
    }
}
```

若要使用自定义 IRouteConstraint，必须在服务容器中使用应用的 ConstraintMap 注册路由约束类型。ConstraintMap 是将路由约束键映射到验证这些约束的 IRouteConstraint 实现的目录。应用的 ConstraintMap 可作为 AddRouting 调用的一部分在 Program.cs 中进行更新，也可以通过使用 builder.Services.Configure<RouteOptions>直接配置 RouteOptions 进行更新。

```
    builder.Services.AddRouting(options =>
options.ConstraintMap.Add("noZeroes", typeof(NoZeroesRouteConstraint)));
```

尝试请求 id 为 0 时，如图 9-8 所示。

请求不为 0 时，如图 9-9 所示。

ASP.NET Core 中的路由系统，包括路由的基本原理、路由模板、路由参数、路由约束和路由属性。通过灵活使用路由系统，可以实现灵活的 URL 映射和参数传递，从而构建强大的 Web 应用程序。

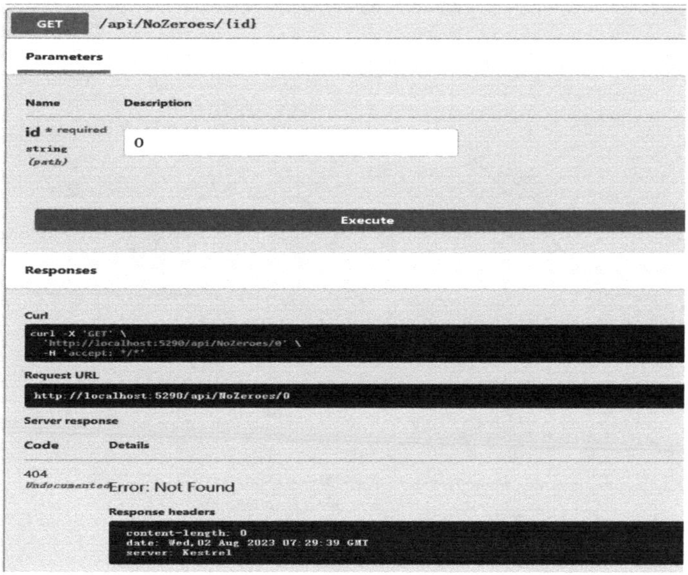

GET	/api/NoZeroes/{id}

Parameters

Name	Description
id * required string (path)	0

Execute

Responses

Curl
```
curl -X 'GET' \
  'http://localhost:5290/api/NoZeroes/0' \
  -H 'accept: */*'
```

Request URL
```
http://localhost:5290/api/NoZeroes/0
```

Server response

Code	Details
404 Undocumented	Error: Not Found

Response headers
```
content-length: 0
date: Wed, 02 Aug 2023 07:29:39 GMT
server: Kestrel
```

● 图 9-8

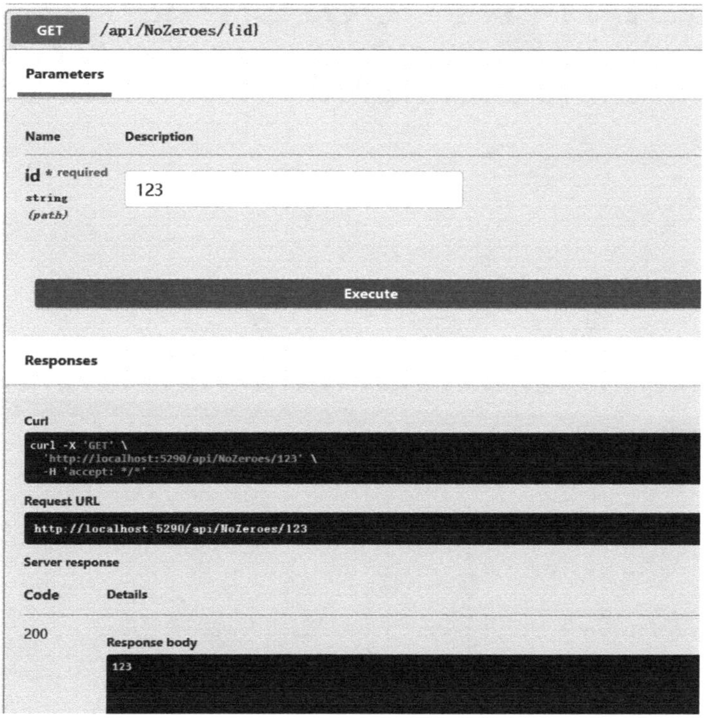

GET	/api/NoZeroes/{id}

Parameters

Name	Description
id * required string (path)	123

Execute

Responses

Curl
```
curl -X 'GET' \
  'http://localhost:5290/api/NoZeroes/123' \
  -H 'accept: */*'
```

Request URL
```
http://localhost:5290/api/NoZeroes/123
```

Server response

Code	Details
200	Response body

```
123
```

● 图 9-9

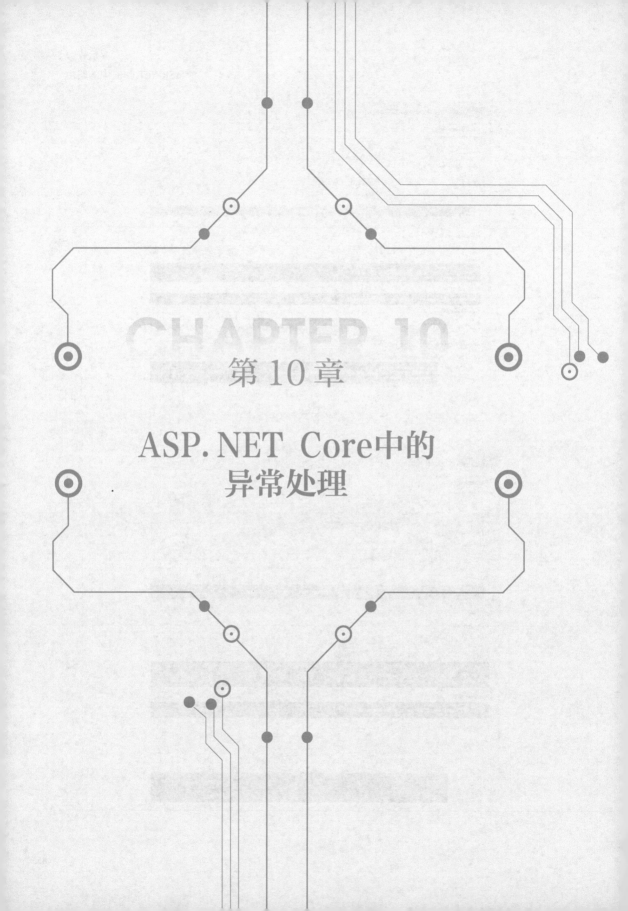

第 10 章

ASP. NET Core中的
异常处理

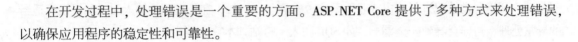

在开发过程中，处理错误是一个重要的方面。ASP.NET Core 提供了多种方式来处理错误，以确保应用程序的稳定性和可靠性。

10.1 异常处理介绍

异常处理是在程序执行过程中遇到错误或异常情况时，采取一系列措施来处理和恢复程序的正常执行的过程。异常可以是由于错误的输入、无效的操作、外部资源不可用、网络故障等原因引起的。异常处理的目标是确保程序能够优雅地处理异常情况，避免程序崩溃或产生不可预测的结果。

▶▶ 10.1.1 什么是异常处理

在软件开发中，异常处理是一个重要的概念，它可以提高程序的可靠性、可维护性和用户体验。在编写代码时，合理的异常处理是非常重要的。良好的异常处理可以帮助我们及时发现和解决问题，提高程序的稳定性和可靠性。同时，异常处理也是代码质量和可维护性的重要指标之一。

▶▶ 10.1.2 异常处理的重要性

异常处理在软件开发中非常重要，以下是异常处理的几个重要方面和其重要性。

（1）程序稳定性：异常处理可以提高程序的稳定性。当程序遇到异常情况时，如果没有适当的处理机制，程序可能会崩溃或产生不可预测的结果。通过捕获和处理异常，可以避免程序的崩溃，并采取适当的措施来恢复程序的正常执行。

（2）用户体验：异常处理对于提供良好的用户体验至关重要。当用户在使用软件时遇到错误或异常情况，如果程序能够优雅地处理异常并给出明确的错误提示，用户将更容易理解问题所在，并能够采取适当的措施。相反，如果程序没有适当的异常处理，用户可能会感到困惑和沮丧，甚至可能放弃使用软件。

（3）资源管理：异常处理在资源管理方面也非常重要。在程序中使用的资源，如文件、数据库连接、网络连接等，需要在使用完毕后进行释放或关闭。如果没有适当的异常处理，可能会导致资源泄露，从而影响系统的性能和可靠性。通过在异常处理中释放资源，可以确保资源的正确释放和管理。

（4）调试和故障排除：异常处理对于调试和故障排除也非常有帮助。当程序发生异常时，可以通过捕获异常并记录异常信息，包括异常堆栈跟踪等，来帮助开发人员定位问题所在。这些异常信息可以用于调试和故障排除，加快问题解决的速度。

（5）安全性：异常处理对于保证系统的安全性也很重要。通过适当的异常处理，可以防止恶意用户利用异常情况进行攻击或获取系统敏感信息。例如，在处理用户输入时，如果没有适当的异常处理，可能会导致安全漏洞，如 SQL 注入、跨站脚本攻击等。

异常处理在软件开发中具有重要的作用。它可以提高程序的稳定性、用户体验、资源管理、调试和故障排除能力，以及系统的安全性。因此，在编写代码时，合理的异常处理是必不可少的。

10.2 异常处理方式

在软件开发中，有多种方式可以处理异常。以下是几种常见的异常处理方式。

（1）Try-Catch 块：使用 Try-Catch 块可以捕获和处理异常。在 Try 块中编写可能引发异常的代码，如果发生异常，则会跳转到 Catch 块，并执行相应的异常处理逻辑。Catch 块可以捕获特定类型的异常，并执行相应的处理操作。这种方式适用于局部异常处理，可以在特定的代码块中处理异常。

（2）中间件异常处理：ASP.NET Core 提供了中间件来处理全局异常。通过在 Startup 类的 Configure 方法中添加异常处理中间件，可以捕获应用程序中未处理的异常，并执行相应的处理逻辑，如返回自定义的错误响应、记录异常日志等。

（3）自定义全局异常处理器：在某些情况下，可能需要在整个应用程序范围内处理异常。可以使用全局异常处理器来捕获和处理应用程序中的异常。全局异常处理器可以捕获未被局部处理的异常，并执行相应的处理逻辑，如返回自定义的错误响应、记录异常日志等。

▶▶ 10.2.1 TryCatch

TryCatch 是最常见也是最基础的一种异常处理方式，只需要用 TryCatch 把执行代码包起来，即可捕获异常。

格式如下：

```
try
{
    // 执行操作
doAny();
}
catch (Exception ex)
{
    // 处理异常
doExceptionHandling();
}
```

这属于最基本的异常处理方式，这里就不加上实操代码了。本章主要讲解 ASP.NET Core 中的其他异常处理方式。

10.2.2　**开发人员异常页**

ASP.NET Core Web 应用在以下情况下默认启用开发人员异常页，用于显示未经处理的请求异常的详细信息。

ASP.NET Core 应用在以下情况下默认启用开发人员异常页：

在开发环境中运行。

使用当前模板创建的应用，即使用 WebApplication.CreateBuilder。使用 WebHost.CreateDefaultBuilder 创建的应用必须通过在 Configure 中调用 app.UseDeveloperExceptionPage 来启用开发人员异常页。

开发人员异常页运行在中间件管道的前面部分，以便它能够捕获中间件中抛出的未经处理的异常。

这里新建一个 MVC 项目，使用 WebApplication. CreateBuilder，所以不需要显式调用 app.UseDeveloperExceptionPage来启用开发人员异常页，在 HomeController 中添加一个 Thorw 方法直接抛出异常：

```
usingLearnException.Models;
using Microsoft.AspNetCore.Mvc;
using System.Diagnostics;
namespace LearnException.Controllers
{
    public class HomeController : Controller
    {
        private readonlyILogger<HomeController> _logger;
        public HomeController(ILogger<HomeController> logger)
        {
            _logger = logger;
        }
        public IActionResult Index()
        {
            return View();
        }
        public IActionResult Privacy()
        {
            return View();
        }
        public IActionResult Throw()
        {
            throw new Exception("Customer Excetion");
        }
        [ResponseCache(Duration = 0, Location = ResponseCacheLocation.None,
```

```
NoStore = true)]
        public IActionResult Error()
        {
            return View(new ErrorViewModel { RequestId = Activity.Current?.Id ??
HttpContext.TraceIdentifier });
    }
    }
}
```

启动项目，然后访问/Home/Throw 路径。

如图 10-1 所示，这个页面可以看到详细错误信息，包括异常栈、Query 参数、Cookies 参数、HTTP 请求 Headers 信息，以及路由信息。

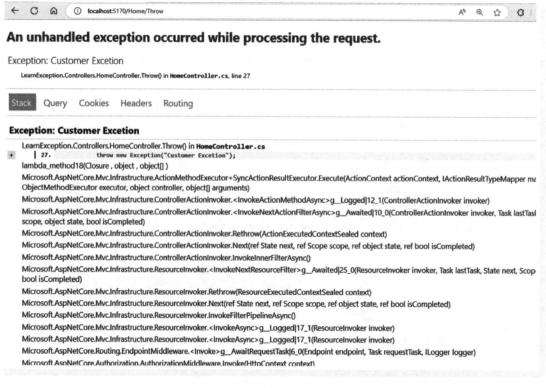

● 图 10-1

这个页面在开发阶段，非常利于我们排查错误。

▶▶ 10.2.3 异常处理程序页

由于一些异常信息不便在非开发环境展示，所以在非开发环境，需要一个异常处理程序页。

若要为生产环境配置自定义错误处理页，请调用 UseExceptionHandler。此异常处理中间件有如下作用：

捕获并记录未经处理的异常。

使用指示的路径在备用管道中重新执行请求。如果响应已启动，则不会重新执行请求。模板生成的代码使用 /Home/Error 路径重新执行请求。

在创建的 MVC 模板的 Program 中，有这样的代码：

```
if (!app.Environment.IsDevelopment())
{
app.UseExceptionHandler("/Home/Error");
}
```

表示在非开发环境中启用此异常处理中间件。这里的"/Home/Error"表示跳转到该路由。该路由为异常处理页面。

在模板 Views/Shared 下面，可以看到一个 Error.cshtml 和 Models 下面的 ErrorViewModel，这就是默认的异常处理程序页。

在上面的 HomeController 代码中可以看到一个 Error 的 Action，此 Action 指向 Error 页面。试试直接启用 app.UseExceptionHandler("/Home/Error")，放开在非开发环境才使用的条件：

```
//if (!app.Environment.IsDevelopment())
//{
app.UseExceptionHandler("/Home/Error");
//}
```

分别请求/Home/Error 和/Home/Throw 路径。

可以看到图 10-2 和图 10-3 中，/Home/Throw 也是跳转到 Error 页面，但是没有详细的异常信息。

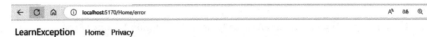

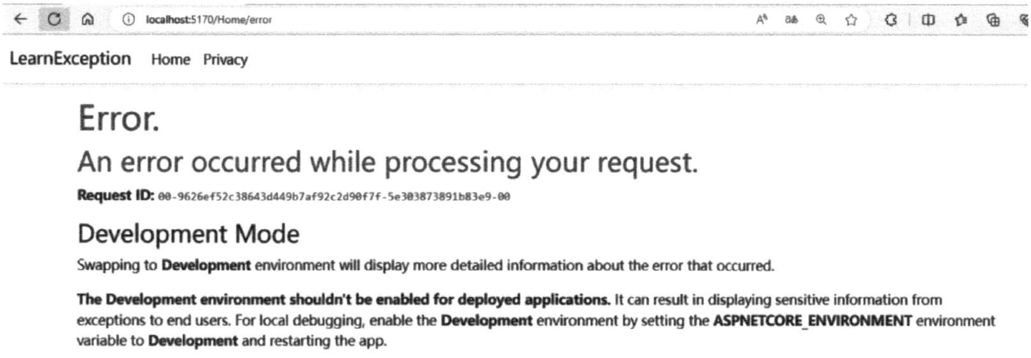

● 图 10-2

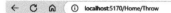

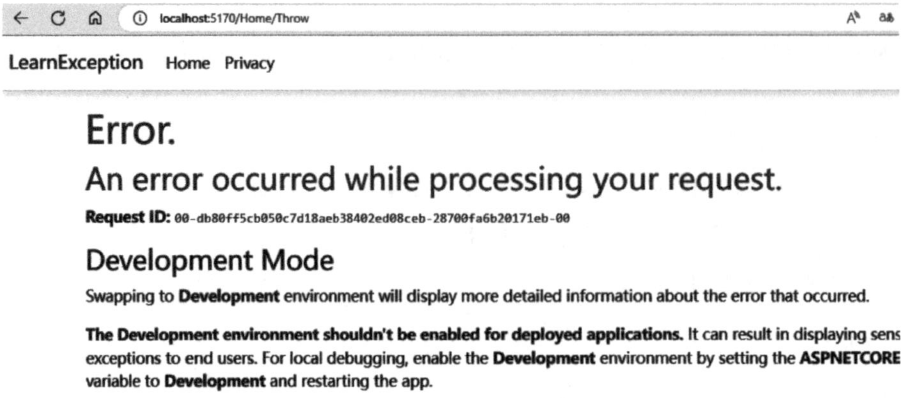

图 10-3

▶▶ 10.2.4 自定义异常处理程序页

除了上述的方式，在需要自定义异常处理程序页时，可以使用 app.UseExceptionHandler 的另一个重载方法：

```
app.UseExceptionHandler(exceptionHandlerApp =>
{
exceptionHandlerApp.Run(async context =>
    {
context.Response.StatusCode = StatusCodes.Status500InternalServerError;
        // using static System.Net.Mime.MediaTypeNames;
context.Response.ContentType = Text.Plain;
        await context.Response.WriteAsync("An exception was thrown.");
        var exceptionHandlerPathFeature =
context.Features.Get<IExceptionHandlerPathFeature>();
        if (exceptionHandlerPathFeature?.Error is FileNotFoundException)
        {
            await context.Response.WriteAsync(" The file was not found.");
        }
        if (exceptionHandlerPathFeature?.Path == "/")
        {
            await context.Response.WriteAsync(" Page: Home.");
        }
    });
});
```

在上面的代码中，exceptionHandlerApp 是一个 IApplicationBuilder，就是添加一个终结点中间件去处理响应内容，上面的内容包括了修改 Http 响应的 StatusCode、ContentType，以及响应内容。

在 HomeController 中继续添加一个 FileNotFound 的 Action。

```
public IActionResultFileNotFound()
{
throw new FileNotFoundException();
}
```

启动项目，分别请求/Home/Throw 和/Home/FileNotFound。

可以看到图 10-4 和图 10-5，响应内容和我们配置的一致。

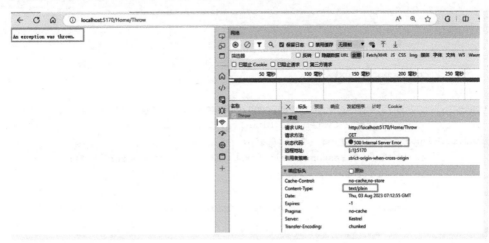

● 图 10-4

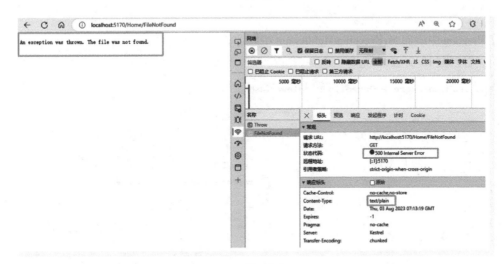

● 图 10-5

由上面的内容可以想到，如何自定义一个异常处理中间件。

```
public class MyExceptionMiddleware
{
```

```
    private readonlyRequestDelegate _next;
    public MyExceptionMiddleware(RequestDelegate next)
    {
        _next = next;
    }
    public async Task Invoke(HttpContext context)
    {
        try
        {
            await _next(context);
        }
        catch (Exception ex)
        {
context.Response.StatusCode = StatusCodes.Status500InternalServerError;
            // using static System.Net.Mime.MediaTypeNames;
context.Response.ContentType = Text.Plain;
            await context.Response.WriteAsync("An exception was thrown.");
            if (ex is FileNotFoundException)
            {
                await context.Response.WriteAsync(" The file was not found.");
            }
        }
    }
}
```

在 Program 中添加 **MyExceptionMiddleware** 中间件。

可以看到图 10-6，效果完全一致。

```
app.UseMiddleware<MyExceptionMiddleware>();
```

● 图 10-6

除此之外，还使用 ExceptionFilter 的方式去处理异常，只要实现 IExceptionFilter 或 IAsyncExceptionFilter 即可。

添加一个 **MyExceptionFilter**。

```
public class MyExceptionFilter : IAsyncExceptionFilter
{
    public async Task OnExceptionAsync(ExceptionContext context)
    {
        context.HttpContext.Response.StatusCode =
        StatusCodes.Status500InternalServerError;
        // using static System.Net.Mime.MediaTypeNames;
        context.HttpContext.Response.ContentType = Text.Plain;
        await context.HttpContext.Response.WriteAsync("An exception was
        thrown. by MyExceptionFilter");

        context.ExceptionHandled = true;
    }
}
```

在 HomeController 中添加一个 Filter 的 Action。

```
[TypeFilter(typeof(MyExceptionFilter))]
public IActionResult Filter()
{
    throw new Exception("MyExceptionFilterExcetion");
}
```

启动项目，访问/Home/Filter 路径。图 **10-7** 可以看到效果跟预想的一致。

● 图 10-7

ASP.NET Core 提供了多种方式来处理错误。开发人员可以根据具体的需求选择适合的错误处理方式，并进行相应的处理和响应。通过合理的错误处理，可以提高应用程序的稳定性和可靠性，提供更好的用户体验。

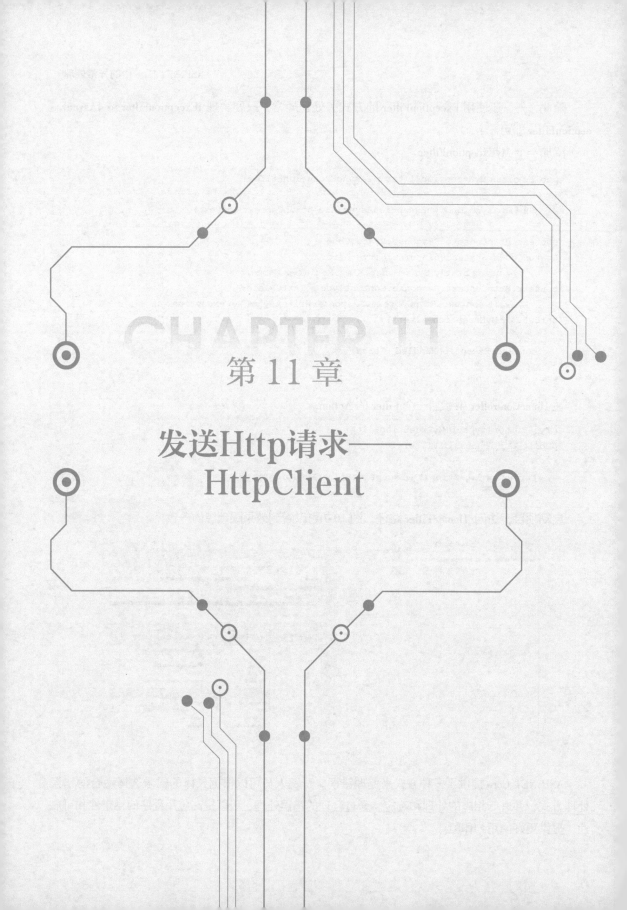

第 11 章

发送Http请求——
HttpClient

本章详细介绍了 ASP.NET Core 中的 HttpClient 和 HttpClientFactory 的作用、用法，以及最佳实践。通过示例代码的展示，读者可以了解如何使用 HttpClient 发送 HTTP 请求并处理响应，以及如何使用 HttpClientFactory 来解决 HttpClient 的一些问题，如资源泄露和性能问题。同时，本章还强调了 HttpClientFactory 的优势，如更好的性能、资源管理和可配置性。通过深入理解和应用 HttpClient 和 HttpClientFactory，开发人员可以更好地与外部服务进行通信。

11.1 HttpClient 的基本用法

HttpClient 是.NET 框架中用于与 Web 服务进行通信的核心类之一。它提供了一组用于发送 HTTP 请求和处理响应的方法。使用 HttpClient，可以轻松地发送 Get、POST、PUT、DELETE 等 HTTP 请求，并处理返回的响应。

在下面的示例中，首先创建了一个 HttpClient 实例，并使用 GetAsync 方法发送了一个 Get 请求。然后通过 EnsureSuccessStatusCode 方法确保响应的状态码为成功状态。最后，通过 ReadAsStringAsync 方法读取响应的内容，并将其打印到控制台上，如图 11-1 所示。示例代码如下：

● 图 11-1

```
using (HttpClient client = new HttpClient())
{
HttpResponseMessage response = await client.GetAsync("https://www.baidu.com");
response.EnsureSuccessStatusCode();
    string responseBody = await response.Content.ReadAsStringAsync();
Console.WriteLine(responseBody);
}
```

需要注意的是，在使用完 HttpClient 后，使用 using 语句将其包裹起来。这样可以确保 HttpClient 在使用完毕后被正确地释放，以避免资源泄露的问题。

然而，使用上述方式创建和使用 HttpClient 存在一些潜在的问题，如资源管理和性能方面的考虑。

11.2 HttpClientFactory 的介绍

为了解决上述问题，ASP.NET Core 引入了 HttpClientFactory。HttpClientFactory 是一个工厂类，用于创建和管理 HttpClient 实例。它提供了更好的性能、资源管理和可配置性。

HttpClientFactory 的主要优势包括。

（1）性能优化：HttpClientFactory 通过重用和管理 HttpClient 实例来提高性能。它可以在多个请求之间共享 HttpClient 实例，减少了创建和销毁实例的开销。

（2）资源管理：HttpClientFactory 负责管理 HttpClient 实例的生命周期，并确保它们在不再使用时被正确地释放。这样可以避免资源泄露的问题，并提高应用程序的可靠性和稳定性。

（3）可配置性：HttpClientFactory 可以根据需要进行配置，以满足不同的需求。它支持配置 HttpClient 的超时时间、缓冲区大小、重试策略等。

下面是使用 HttpClientFactory 发送 Get 请求并处理响应的示例代码：

```
var builder =WebApplication.CreateBuilder(args);
// 将服务添加到容器中
builder.Services.AddHttpClient(); // HttpClientFactory
builder.Services.AddControllers();
// Learn more about configuring Swagger/OpenAPI at https://aka.ms/aspnetcore/swashbuckle
builder.Services.AddEndpointsApiExplorer();
builder.Services.AddSwaggerGen();
var app = builder.Build();


// 配置 HTTP 请求管道
```

```csharp
if (app.Environment.IsDevelopment())
{
app.UseSwagger();
app.UseSwaggerUI();
}

app.UseAuthorization();

app.MapControllers();

app.Run();

private readonlyILogger<WeatherForecastController> _logger;
private readonlyIHttpClientFactory _httpClientFactory;

public WeatherForecastController(ILogger<WeatherForecastController> logger,
IHttpClientFactoryhttpClientFactory)
{
    _logger = logger;
    _httpClientFactory = httpClientFactory;
}
[HttpGet("TestHttpClientFactory")]
public async Task TestHttpClientFactory()
{
    var httpClient = _httpClientFactory.CreateClient();
HttpResponseMessage response = await
httpClient.GetAsync("https://www.baidu.com");
response.EnsureSuccessStatusCode();

    string responseBody = await response.Content.ReadAsStringAsync();
Console.WriteLine(responseBody);
}
```

运行结果如图 11-2 所示，这里也可以选择直接注入 HttpClient 实例，而不是 IHttpClientFactory，效果是一样的。

需要注意的是，不再使用 using 语句来包裹 HttpClient，而是通过依赖注入的方式获取 Http-Client 实例或 IHttpClientFactory。这样 HttpClient 的生命周期将由 HttpClientFactory 管理，确保它在不再使用时被正确地释放。

● 图 11-2

11.3 HttpClientFactory 的高级用法

除了基本用法之外，HttpClientFactory 还提供了一些高级特性，以满足更复杂的需求。如命名 HttpClient、TypedHttpClient。

▶▶ 11.3.1 命名 HttpClient

在某些情况下，可能需要创建多个 HttpClient 实例来与不同的外部服务进行通信。为了区分它们，可以为每个 HttpClient 实例指定一个唯一的名称。

下面是使用命名 HttpClient 的示例代码：

```
builder.Services.AddHttpClient("ExampleClient", client =>
{
client.BaseAddress = new Uri("https://www.baidu.com/");
});

[HttpGet("TestHttpClientFactory")]
public async Task TestHttpClientFactory()
```

```
    {
        var httpClient = _httpClientFactory.CreateClient("ExampleClient");
    HttpResponseMessage response = await httpClient.GetAsync("");
    response.EnsureSuccessStatusCode();

        string responseBody = await response.Content.ReadAsStringAsync();
    Console.WriteLine(responseBody);
    }
```

在上面的示例中，使用 AddHttpClient 方法的重载版本，并通过第一个参数指定 HttpClient 的名称。然后可以在配置 HttpClient 的回调中进行相应的配置，如设置 BaseAddress 等。

这里通过 IHttpClientFctory 获取 ExampleClient，直接调用 Get 请求，就是访问 https://www.baidu.com。运行结果如图 11-3 所示。

● 图 11-3

▶▶ 11.3.2 Typed HttpClient

另一个常见的需求是根据不同的服务接口创建不同的 HttpClient 实例。为了实现这一点，ASP.NET Core 提供了 Typed HttpClient 的支持。

下面是使用 Typed HttpClient 的示例代码：

```
public interfaceIExampleService
{
```

```
    Task<string>GetData();
}

public class ExampleService : IExampleService
{
    private readonlyHttpClient _httpClient;

    public ExampleService(HttpClienthttpClient)
    {
        _httpClient = httpClient;
    }

    public async Task<string>GetData()
    {
HttpResponseMessage response = await _httpClient.GetAsync("");
response.EnsureSuccessStatusCode();

        return await response.Content.ReadAsStringAsync();
    }
}
```

配置依赖注入：

```
builder.Services.AddHttpClient<IExampleService, ExampleService>(client =>
{
client.BaseAddress = new Uri("https://www.baidu.com/");
});
```

在控制器中注入 IExampleService：

```
private readonlyILogger<WeatherForecastController> _logger;
private readonlyIHttpClientFactory _httpClientFactory;
private readonlyIExampleService _exampleService;

public WeatherForecastController(ILogger<WeatherForecastController> logger,
IHttpClientFactoryhttpClientFactory,
IExampleServiceexampleService)
{
    _logger = logger;
    _httpClientFactory = httpClientFactory;
    _exampleService = exampleService;
}
```

运行结果如图 11-4 所示，在上面的示例中，我们首先定义了一个 IExampleService 接口，该接口定义了与外部服务交互的方法。然后实现了 ExampleService 类，并在构造函数中注入了 HttpClient实例。

● 图 11-4

最后，使用 AddHttpClient 方法的另一个重载版本，并通过泛型参数指定了服务接口和实现类的关联关系。在配置 HttpClient 的回调中，可以进行相应的配置，如设置 BaseAddress 等。

通过理解和应用 HttpClient 和 HttpClientFactory，开发人员可以更好地与外部服务进行通信，并构建高性能、可靠的 Web 应用程序。

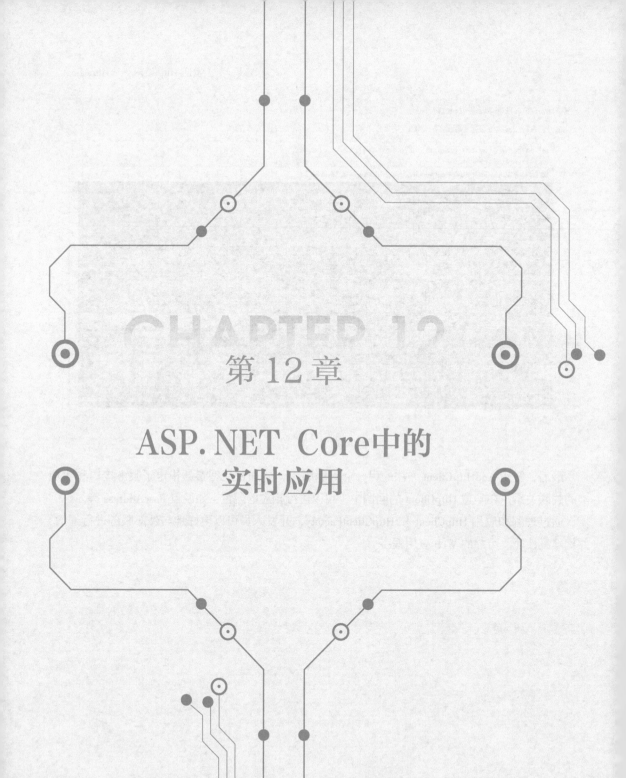

第 12 章

ASP. NET Core中的
实时应用

本章将介绍 ASP.NET Core SignalR，这是一个强大的实时通信库，用于构建实时、双向通信应用程序。我们将探讨 SignalR 的基本概念、架构和工作原理，并提供一些示例代码来帮助读者更好地理解和使用 SignalR。ASP.NET Core SignalR 提供了一种简单而强大的方式来构建实时通信应用程序。SignalR 支持多种传输方式，包括 WebSockets、Server-Sent Events 和长轮询，以确保在各种环境下实现实时通信。

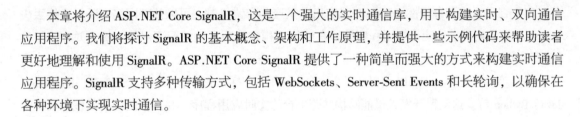

12.1　关于 ASP.NET Core SignalR 的介绍

ASP.NET Core SignalR 是一个用于构建实时、双向通信应用程序的开发框架。它使开发人员能够在客户端和服务器之间建立实时的、持久的连接，以便实时地推送数据和消息。

12.1.1　什么是 ASP.NET Core SignalR

SignalR 提供了一种简单的编程模型，可以在服务器端和客户端之间建立实时通信通道。它支持多种传输协议，包括 WebSockets、Server-Sent Events（SSE）和长轮询（Long Polling），以确保在各种环境下都能实现实时通信。

使用 SignalR，开发人员可以轻松地构建具有实时功能的应用程序，如聊天应用、实时协作工具、实时监控和通知系统等。它提供了一些核心概念和组件，如连接管理、消息传输、Hub 和客户端代理等，使开发人员能够处理客户端和服务器之间的实时通信。

在 ASP.NET Core 中，SignalR 是一个独立的包，可以通过 NuGet 安装并集成到应用程序中。它提供了一个强大的基础设施，使开发人员能够轻松地构建实时应用程序，并处理客户端和服务器之间的双向通信。

12.1.2　SignalR 的优势和用途

SignalR 在实时通信领域具有以下优势和用途。

（1）实时性：SignalR 提供了实时通信的能力，可以在客户端和服务器之间实时地传输数据和消息。这使得开发人员能够构建实时聊天应用、实时协作工具、实时监控和通知系统等需要即时更新和实时反馈的应用程序。

（2）双向通信：SignalR 支持双向通信，允许服务器主动向客户端推送数据和消息，而不需要客户端发起请求。这种双向通信模式使得开发人员能够构建实时的、交互式的应用程序，如实时游戏、实时投票和实时协作编辑等。

（3）多种传输协议支持：SignalR 支持多种传输协议，包括 WebSockets、Server-Sent Events（SSE）和长轮询（Long Polling）。这使得 SignalR 能够适应不同的网络环境和浏览器支持情况，确保在各种情况下都能实现实时通信。

（4）自动重连和容错性：SignalR 具有自动重连和容错机制，可以处理网络中断、连接丢失和重新连接等情况。这使得应用程序能够在网络不稳定或断开的情况下保持连接，并在恢复连接后自动重新建立通信。

（5）跨平台支持：SignalR 可以在多个平台上使用，包括 ASP.NET Core、ASP.NET、JavaScript、Java、Python 等。这使得开发人员能够构建跨平台的实时应用程序，并在不同的技术栈中实现实时通信。

SignalR 的用途广泛，适用于许多实时通信场景，如在线聊天应用、实时监控和通知系统、实时协作工具、实时游戏、实时投票和实时数据可视化等。它提供了简单而强大的编程模型，使开发人员能够轻松地构建具有实时功能的应用程序，并提供良好的用户体验和实时反馈。

12.2 SignalR 基础知识

SignalR 是一个开源的 ASP.NET Core 库，用于构建实时、双向通信应用程序。它允许服务器端代码主动向客户端推送数据，而不需要客户端发起请求。SignalR 提供了一种简单的编程模型，使开发人员可以轻松地实现实时通信功能。在使用 SignalR 之前，需要了解一些核心概念。

（1）Hub：Hub 是 SignalR 的核心组件，它负责处理客户端和服务器之间的通信。开发人员可以定义自己的 Hub 类，并在其中定义可以由客户端调用的方法。

（2）连接：连接表示客户端与服务器之间的连接。每个连接都有一个唯一的连接 ID，用于标识特定的客户端。

（3）客户端：客户端是使用 SignalR 库的应用程序的一部分。客户端可以是 Web 浏览器、移动应用程序或其他支持 SignalR 的客户端。

（4）传输：传输是指 SignalR 用于在客户端和服务器之间传输数据的方式。SignalR 支持多种传输方式，包括 WebSockets、Server-Sent Events 和长轮询。

12.3 SignalR 架构和工作原理

SignalR 的架构由以下几个核心组件组成。

（1）服务器：服务器端负责处理客户端的连接、消息传递和状态管理。

（2）客户端：客户端负责与服务器建立连接，并接收来自服务器的消息。

（3）传输：传输层负责在客户端和服务器之间传输数据。SignalR 支持多种传输方式，可以根据环境自动选择最佳的传输方式。

SignalR 的工作原理可以概括为以下几个步骤：

（1）客户端发起连接请求。

（2）服务器接受连接请求，并为该连接分配一个唯一的连接 ID。

（3）客户端与服务器建立连接。

（4）客户端和服务器通过连接 ID 进行通信。

（5）服务器可以主动向客户端推送消息。

（6）客户端可以调用服务器端的方法。

12.4 使用 SignalR 构建实时应用程序

为了更好地理解和使用 SignalR，我们将通过一个简单的示例来演示如何构建一个实时聊天应用程序。

首先，需要创建一个 ASP.NET Core Web 应用程序。可以使用 Visual Studio 或者命令行工具创建一个新的 ASP.NET Core 项目。

在 ASP.NET Core 高版本中，ASPNETCore.App 默认已经内置了 SignalR，直接就可以使用。

▶▶ 12.4.1 创建项目

创建一个 ASP.NET Core 空模板，接下来需要创建一个继承自 Hub 类的 Hub。在这个 Hub 中，将定义可以由客户端调用的方法。以下是一个简单的示例：

```
using Microsoft.AspNetCore.SignalR;
namespace LearnSignalR
{
    public class ChatHub : Hub
    {
        public async Task SendMessage(string user, string message)
        {
            await Clients.All.SendAsync("ReceiveMessage", user, message);
        }
        public override async Task OnConnectedAsync()
        {
Console.WriteLine($"{Context.ConnectionId} Connected");
            await Clients.Caller.SendAsync("ReceiveMessage", "System", "Hello");
        }
    }
}
```

在 Program.cs 文件中，需要配置 SignalR 中间件。添加以下代码：

```
using LearnSignalR;
var builder = WebApplication.CreateBuilder(args);
```

```
builder.Services.AddSignalR();
var app = builder.Build();
app.MapHub<ChatHub>("/chat");
app.MapGet("/", () => "Hello World!");
app.Run();
```

创建一个 Console 控制台项目测试连接 SignalR Hub。需要安装 Microsoft.AspNetCore.SignalR.Client 的 Nuget 包。在客户端，可以使用 JavaScript 来连接到 SignalR Hub，并与服务器进行通信。以下是一个简单的示例：

```
using Microsoft.AspNetCore.SignalR.Client;
var connection = new HubConnectionBuilder()
    .WithUrl("http://localhost:5192/chat")
    .Build();
connection.On<string, string>("ReceiveMessage", (user, message) =>
{
  var newMessage = $"{user}: {message}";
Console.WriteLine($"{DateTime.Now}---{newMessage}");
});
await connection.StartAsync();
Thread.Sleep(int.MaxValue);
```

▶▶ 12.4.2 测试

现在可以运行应用程序。当一个客户端连接时，立刻会受到服务端发出的信息，如图 12-1 所示。

● 图 12-1

接下来改造一下控制台程序，使它可以发送消息。

```
using Microsoft.AspNetCore.SignalR.Client;
var connection = new HubConnectionBuilder()
    .WithUrl("http://localhost:5192/chat")
    .Build();
connection.On<string, string>("ReceiveMessage", (user, message) =>
{
    var newMessage = $"{user}: {message}";
Console.WriteLine($"{DateTime.Now}---{newMessage}");
});
await connection.StartAsync();
Console.WriteLine("SetName:");
var userName = Console.ReadLine();
while (true)
{
Console.WriteLine("Message:");
    var message = Console.ReadLine();
    await connection.InvokeAsync("SendMessage", userName, message);
}
```

测试效果。通过图 12-2 可以看到客户端正常接收和发送消息。

● 图 12-2

本章详细介绍了 ASP.NET Core SignalR 的基本概念、架构和工作原理，并通过一个实时聊天应用程序的示例演示了如何使用 SignalR 构建实时应用程序。SignalR 提供了一种简单而强大的方式来实现实时通信，可以在各种应用场景中发挥作用。通过深入了解 SignalR，开发人员可以更好地利用其功能来构建实时、双向通信的应用程序。

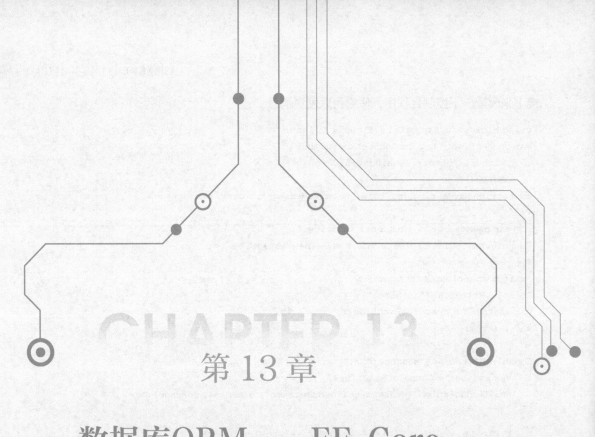

第 13 章

数据库ORM——EF Core

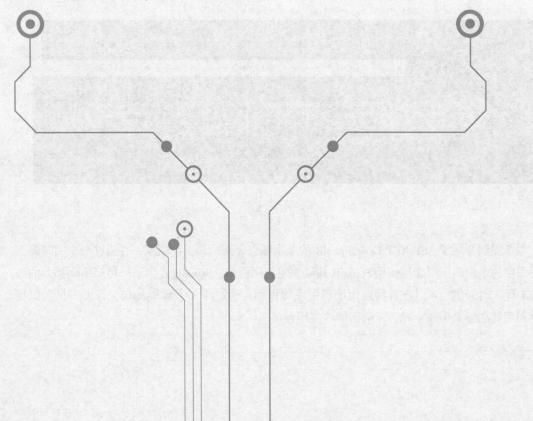

EF Core（Entity Framework Core）是一个轻量级、跨平台的对象关系映射（ORM）框架，用于在.NET 应用程序中访问和操作数据库。它是 Entity Framework 的下一代版本，专为.NET Core 应用程序而设计。

EF Core 提供了一种简单、灵活和高效的方式来与各种数据库进行交互，它通过将数据库表映射为.NET 对象，并提供了一组强大的查询语言和操作 API，使开发人员能够以面向对象的方式进行数据库操作。

本章是一个简单的 EF Core 教程，演示了如何使用 EF Core 进行数据库操作。

13.1 安装 EF Core

首先，创建一个 WebApi 项目，需要安装 EF Core。可以通过 NuGet 包管理器（如图 13-1 所示）或使用 dotnet 命令行工具来安装 EF Core。

```
dotnet add package Microsoft.EntityFrameworkCore
```

• 图 13-1

13.2 定义模型类

在使用 EF Core 之前，需要定义一个或多个模型类，这些类将映射到数据库表。

```
namespace LearnEfCore.Entities
{
    public class Product
    {
        public int Id { get; set; }
        public string Name { get; set; }
        public decimal Price { get; set; }
    }
}
```

上述代码定义了一个名为 Product 的模型类，表示一个产品对象。该类包含了 Id、Name 和 Price 属性，分别对应数据库表中的列。

13.3 创建数据库上下文

接下来需要创建一个派生自 DbContext 的数据库上下文类，用于定义数据库的连接和数据集。这里需要使用什么数据库，就需要对应安装该数据库的数据库提供程序。如 SQLServer、Mysql、SQLite 等。这里为了方便，就用 SQLite。

```
dotnet add package Microsoft.EntityFrameworkCore.Sqlite

using LearnEfCore.Entities;
using Microsoft.EntityFrameworkCore;
namespace LearnEfCore
{
    public class AppDbContext :DbContext
    {
        public AppDbContext(DbContextOptions<AppDbContext> options)
            : base(options)
        {
        }
        public DbSet<Product> Products { get; set; }
    }
}
```

通过定义 DbSet<Product>属性来表示数据库中的 Products 表。

接下来需要配置注入 DbContext。

```
using LearnEfCore;
using Microsoft.EntityFrameworkCore;
var builder = WebApplication.CreateBuilder(args);
// 将服务添加到容器中
builder.Services.AddDbContext<AppDbContext>(o =>o.UseSqlite("Data
Source=./LearnEfCore.db"));
```

这里 UseSqlite 指定了数据库连接字符串。

13.4 进行数据库迁移

在使用 EF Core 之前，需要进行数据库迁移。迁移是将模型类映射到数据库表的过程。这里需要注意的是，生成迁移文件需要安装 Microsoft.EntityFrameworkCore.Design 的包。

```
dotnet add package Microsoft.EntityFrameworkCore.Design
```

首先，打开命令行工具，并导航到项目的根目录。然后运行以下命令来创建一个新的迁移：

```
dotnet ef migrations add InitialCreate
```

上述命令将创建一个名为 **InitialCreate** 的迁移，它将根据模型类创建数据库表，如图 **13-2** 所示。

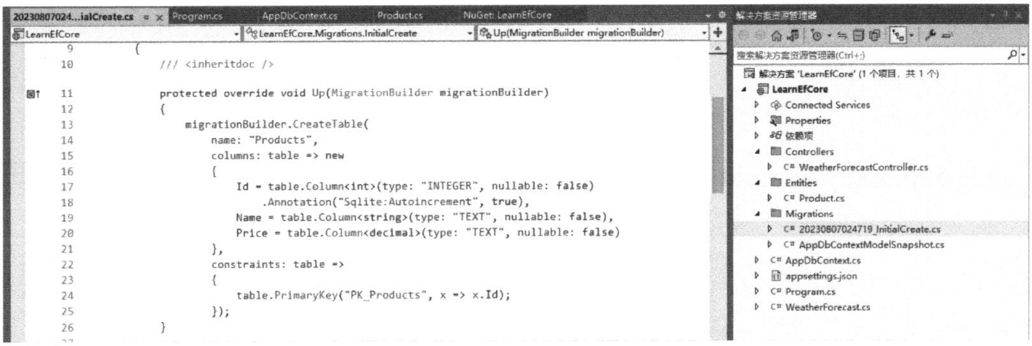

● 图 13-2

接下来运行以下命令来应用迁移并创建数据库：

```
dotnet ef database update
```

上述命令将应用迁移并创建数据库。如果数据库已经存在，它将更新数据库，以反映最新的模型更改，如图 **13-3** 所示。

● 图 13-3

使用连接工具查看 Sqllite 中的表，如图 13-4 所示。

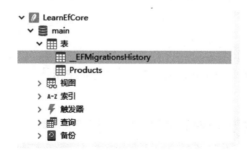

● 图 13-4

图 13-5 中 __EFMigrationsHistory 中的记录是执行数据库迁移的记录。

● 图 13-5

图 13-6 中的 Products 表结构也对应实体类的属性。

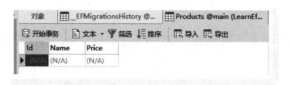

● 图 13-6

13.5 进行数据库操作

现在可以使用 EF Core 进行数据库操作。以下是一些常见的操作示例：

新建一个 WebApi Controller，注入 AppDbContext。

```
using Microsoft.AspNetCore.Http;
using Microsoft.AspNetCore.Mvc;

namespace LearnEfCore.Controllers
{
```

```
[Route("api/[controller]")]
[ApiController]
public class ProductController : ControllerBase
{
    private readonlyAppDbContext _appDbContext;
    public ProductController(AppDbContextappDbContext)
    {
        _appDbContext = appDbContext;
    }
}
```

▶▶ 13.5.1 添加新产品

下述代码创建了一个新的产品对象，并将其添加到数据库中。测试请求如图 **13-7** 所示。

```
[HttpPost]
public async Task<IActionResult>Add(Product product)
{
    _appDbContext.Products.Add(product);
    var res = await _appDbContext.SaveChangesAsync();
    return Ok(res);
}
```

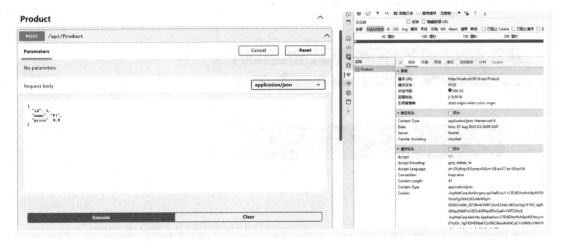

● 图 13-7

如图 **13-8** 所示，成功插入数据。

● 图 13-8

▶▶ 13.5.2　查询产品列表

下述代码查询了所有产品。

```
[HttpGet]
public async Task<IActionResult>List()
{
    var list = await _appDbContext.Products.ToListAsync();
    return Ok(list);
}
```

测试效果如图 13-9 所示，数据正确响应。

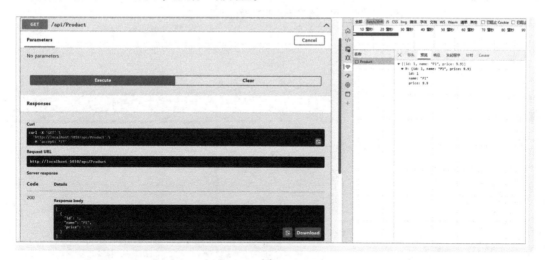

● 图 13-9

▶▶ 13.5.3　更新产品

上述代码查找 Id 为 1 的产品，并更新其价格和名称，测试效果如图 13-10 所示。

```
[HttpPut]
public async Task<IActionResult>Update(Product input)
```

```
{
    var product = await _appDbContext.Products.FirstOrDefaultAsync(p=>p.Id ==
input.Id);
    if(product != null)
    {
product.Price = input.Price;
product.Name = input.Name;
        await _appDbContext.SaveChangesAsync();
    }
    return Ok(product);
}
```

● 图 13-10

如图 13-11 所示，查看数据库可以发现修改成功。

● 图 13-11

▶▶ 13.5.4　删除产品

上述代码查找 Id 为 1 的产品，并将其从数据库中删除，测试效果如图 13-12 所示。

```
[HttpDelete]
public async Task<IActionResult>Delete(int id)
{
    var product = await _appDbContext.Products.FirstOrDefaultAsync(p=>p.Id == id);
    if(product != null)
    {
        _appDbContext.Products.Remove(product);
        await _appDbContext.SaveChangesAsync();
    }
    return Ok();
}
```

● 图 13-12

如图 **13-13** 所示，查看数据库可以看到数据已经被删除。

● 图 13-13

EF Core 是一个功能强大且易于使用的 **ORM** 框架，它提供了一种简单的方式来进行数据库操作。通过定义模型类和数据库上下文，以及使用提供的 **API**，开发人员可以轻松地进行各种数据库操作。无论是创建新的数据库，还是与现有数据库进行交互，**EF Core** 都是一个强大的选择。

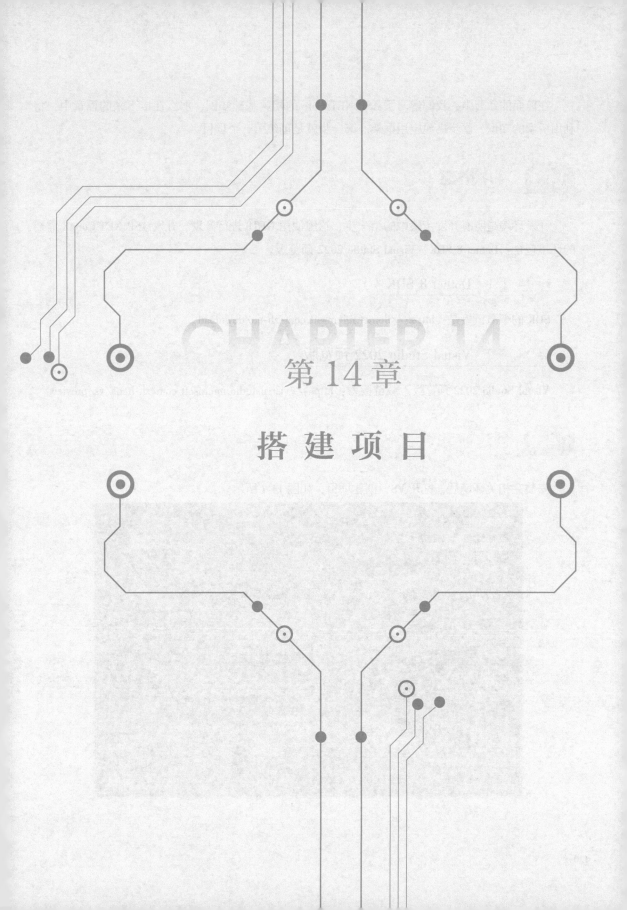

第 14 章

搭 建 项 目

在前面的章节中，我们学习了 ASP.NET Core 的相关基础知识，那么在接下来的篇章中，将利用所学的知识，逐步搭建应用框架。第一步就是创建第一个项目。

14.1 环境搭建

开发环境是所有开发步骤中的第一步，这里使用.NET8 进行开发，开发 ASP.NET Core 8 需要的环境包含：Dotnet 8 SDK、Visual Studio 2022 预览版。

▶▶ 14.1.1 Dotnet 8 SDK

SDK 的下载链接是：https://dotnet.microsoft.com/zh-cn/download。

▶▶ 14.1.2 Visual Studio 2022 预览版

Visual Studio 2022 预览版下载链接为：https://visualstudio.microsoft.com/zh-hans/vs/preview。

14.2 创建项目

安装完相关环境后，打开 VS，创建项目，如图 14-1 所示。

● 图 14-1

▶▶ 14.2.1 创建空白解决方案

搜索空白解决方案，然后选择并单击"下一步"按钮，填写解决方案名称，然后单击"创建"按钮，如图 14-2 所示。

● 图 14-2

▶▶ 14.2.2 创建 ASP.NET Core 空项目

在空白解决方案中，单击鼠标右键添加新项目，选择 ASP.NET Core 空项目，如图 14-3 所示。

● 图 14-3

单击"下一步"按钮后，输入项目名称，并选择.NET8 版本，创建项目后如图 14-4 所示。

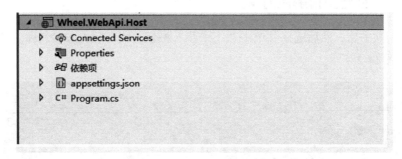

● 图 14-4

至此完成了搭建一个用框架的第一步，创建第一个项目。

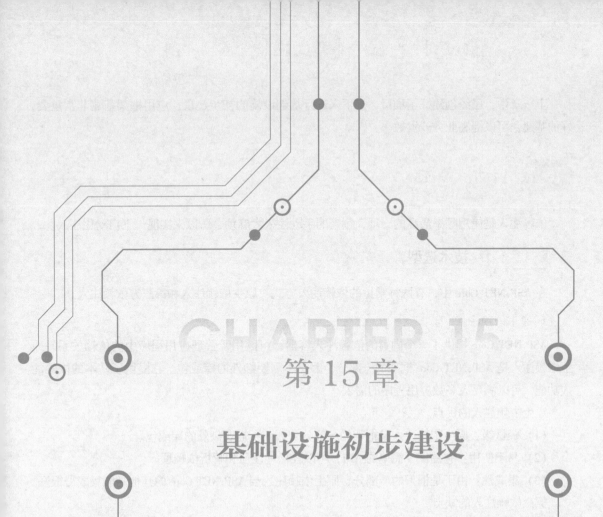

第 15 章

基础设施初步建设

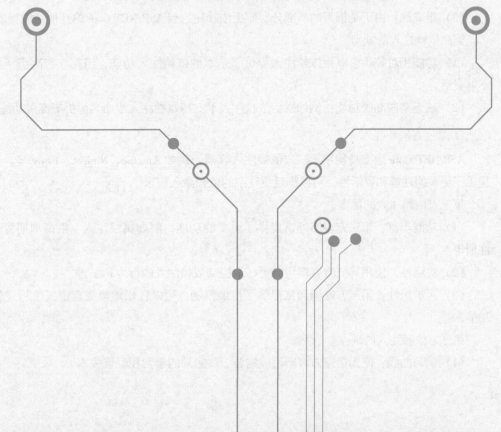

上一章中，已经创建好了项目，接下来进行基础设施的初步建设，应用框架基建非常重要，好的基建，可以提高业务开发效率。

15.1 自动依赖注入

依赖注入是使用频率最高的一项，频繁的手动注入太麻烦，所以来实现一下自动化注入。

▶▶ 15.1.1 技术选型

在 ASP.NET Core 中，有两种常见的依赖注入方式：原生依赖注入和第三方依赖注入。

1. 原生依赖注入

ASP.NET Core 提供了一个内置的依赖注入容器，可以用于管理应用程序中的依赖关系。原生依赖注入是 ASP.NET Core 框架的一部分，因此不需要额外的库或包。它提供了基本的依赖注入功能，可以满足大多数应用程序的需求。

原生依赖注入的优点。

（1）轻量级：原生依赖注入是框架的一部分，因此不需要额外的库或包。

（2）易于使用：它提供了简单的 API，可以轻松地注册和解析依赖项。

（3）集成性：由于是框架的一部分，原生依赖注入与 ASP.NET Core 的其他功能集成得很好。

原生依赖注入的缺点。

（1）功能相对较少：原生依赖注入提供了基本的依赖注入功能，但在一些高级场景下可能不够灵活。

（2）缺乏某些高级功能：例如原生依赖注入不支持属性注入或命名解析等高级功能。

2. 第三方依赖注入

ASP.NET Core 也支持使用第三方依赖注入容器，例如 **Autofac**、**Ninject**、**Unity** 等。这些容器提供了更多的功能和灵活性，可以满足更复杂的依赖注入需求。

第三方依赖注入的优点。

（1）功能丰富：第三方容器通常提供了更多的功能，例如属性注入、生命周期管理、条件注册等。

（2）灵活性：使用第三方容器可以更好地控制依赖注入的行为和配置。

（3）可扩展性：第三方容器通常提供了扩展机制，可以轻松地集成自定义解析逻辑或扩展功能。

第三方依赖注入的缺点。

（1）学习曲线：使用第三方容器可能需要一些额外的学习和配置成本。

（2）引入外部依赖：使用第三方容器会引入额外的依赖项，增加了应用程序的复杂性。

选择使用原生依赖注入还是第三方依赖注入取决于具体的需求和偏好。对于简单的应用程序，原生依赖注入通常已经足够。对于复杂的应用程序或需要更高级功能的情况，可以考虑使用第三方依赖注入容器。

▶▶ 15.1.2　生命周期接口

依赖注入对应有不同的生命周期，按照官方三种生命周期创建三个生命周期接口，如图 15-1 所示。

分别如下：

（1）ITransientDependency 瞬态生命周期接口。

（2）IScopeDependency 范围生命周期接口。

（3）ISingletonDependency 单例生命周期接口。

（4）这些接口的定义是为了后续做自动化注入用的。

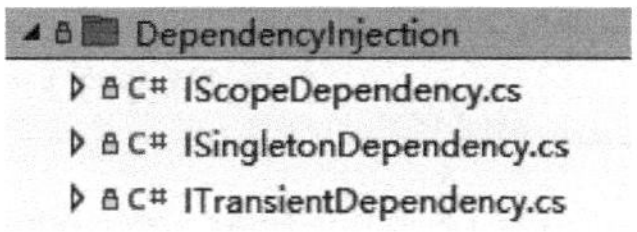

● 图 15-1

▶▶ 15.1.3　集成 Autofac

既然需要做一个比较灵活的依赖注入，那么选择三方的组件更合适，这里选用 Autofac。

1. 安装 Autofac 的 Nuget 包

添加下面的代码：

```
Autofac.Extensions.DependencyInjection
AutoMapper.Extensions.Microsoft.DependencyInjection
```

2. 替换 ASP.NET Core 原生依赖注入容器

在 Program 中添加下面的代码。

```
using Autofac;
using Autofac.Extensions.DependencyInjection;
builder.Host.UseServiceProviderFactory(new AutofacServiceProviderFactory());
```

3. 实现批量自动注入

在 Autofac 中有许多的注入方式，其中 RegisterModule 可以更方便地封装注册依赖注入逻辑规则。

首先创建一个 WheelAutofacModule，继承 Autofac.Moudle，并重写 Load 方法。

```
using Autofac;
using Autofac.Core;
using Microsoft.AspNetCore.Mvc;
```

```
using System.Reflection;
using Wheel.DependencyInjection;
using Wheel.Domain;
using Wheel.EntityFrameworkCore;
using Module = Autofac.Module;

namespace Wheel
{
    public class WheelAutofacModule : Module
    {
        protected override void Load(ContainerBuilder builder)
        {
            //把服务的注入规则写在这里
            var abs =
Directory.GetFiles(AppDomain.CurrentDomain.BaseDirectory, "*.dll")
                    .Where(x => !x.Contains("Microsoft.")
&& !x.Contains("System."))
                    .Select(x
=>Assembly.Load(AssemblyName.GetAssemblyName(x))).ToArray();

builder.RegisterAssemblyTypes(abs)
                .Where(t =>typeof(ITransientDependency).IsAssignableFrom(t))
                .AsImplementedInterfaces()
                .AsSelf()
                .PropertiesAutowired()
                .InstancePerDependency(); //瞬态
builder.RegisterAssemblyTypes(abs)
                .Where(t =>typeof(IScopeDependency).IsAssignableFrom(t))
                .AsImplementedInterfaces()
                .AsSelf()
                .PropertiesAutowired()
                .InstancePerLifetimeScope(); //范围
builder.RegisterAssemblyTypes(abs)
                .Where(t =>typeof(ISingletonDependency).IsAssignableFrom(t))
                .AsImplementedInterfaces()
                .AsSelf()
                .PropertiesAutowired()
                .SingleInstance(); //单例.


            // 获取所有控制器类型并使用属性注入
            var controllerBaseType = typeof(ControllerBase);
builder.RegisterAssemblyTypes(abs)
                .Where(t =>controllerBaseType.IsAssignableFrom(t) && t !=
```

```
controllerBaseType)
            .PropertiesAutowired();
        }
    }
}
```

既然需要批量自动化注入，那么 Autofac 中的 RegisterAssemblyTypes 根据程序集注册的方法就非常契合。

首先需要通过反射获取所有的 dll 程序集（可以加条件提前过滤已知不需要加载的程序集）。

接下来就是 RegisterAssemblyTypes 加载程序集，并且按照继承不同生命周期接口去注册不同的服务。

这里注意的是，如果需要使用属性注入，则需要添加 PropertiesAutowired( ) 方法。

实现 WheelAutofacModule 之后，需要在 ContainerBuilder 中注册 Module。

在 Program 中添加代码：

```
builder.Host.ConfigureContainer<ContainerBuilder>(builder =>
{
builder.RegisterModule<WheelAutofacModule>();
});
```

所有代码加起来不到 100 行，这样就完成自动依赖注入的所有步骤了。

在后续开发中，所有需要注册依赖注入的服务只需要按需继承三个生命周期的接口即可。

可能有人会问，使用了 Autofac 之后，所有的服务是否必须用 Autofac 的方式去注册服务，不能使用原生的方式。这点大可不必担心，使用 Autofac 后，依然可以使用原生的 AddScope 等方法手动注入服务，同样是生效的。

15.2 日志

在日常使用中，日志也是必不可少的一环，在原生日志组件中支持的日志驱动比较少，所以需要使用一些三方日志组件来扩展日志记录。

▶▶ 15.2.1 技术选型

在 ASP.NET Core 中，有几个常用的日志组件可供选择，包括 NLog、Log4net 和 Serilog。

1. NLog

NLog 是一个功能强大且灵活的日志记录库，具有广泛的配置选项和目标输出支持。

它支持多种日志目标，如文件、数据库、邮件、控制台等，并提供了丰富的过滤和格式化选项。

NLog 具有良好的性能和可扩展性，并且在 ASP.NET Core 生态系统中得到广泛使用。

2. Log4net

Log4net 是一个成熟的、稳定的日志记录库，具有广泛的配置选项和目标输出支持。

它支持多种日志目标，如文件、数据库、邮件、控制台等，并提供了丰富的过滤和格式化选项。

Log4net 在 .NET 生态系统中有很长的历史，并且在 ASP.NET Core 中也可以使用。

3. Serilog

Serilog 是一个简单而强大的结构化日志记录库，具有易于使用的 API 和灵活的配置选项。

它支持结构化日志记录，可以方便地将日志信息存储到多种目标，如文件、数据库、Elastic-search 等。

Serilog 具有强大的日志事件过滤和格式化功能，并且在 ASP.NET Core 社区中越来越受欢迎。

▶▶ 15.2.2 **集成 Serilog**

这里笔者更偏向于使用结构化日志记录，所以选择 Serilog 这个组件。

1. 安装 Nuget 包

通过 Nuget 包管理器安装一下 Serilog 包。

```
Serilog.AspNetCore
Serilog.Sinks.Async
Serilog.Sinks.File
```

2. 在 Program 中添加代码

```
var builder =WebApplication.CreateBuilder(args);
// logging
Log.Logger = new LoggerConfiguration()
#if DEBUG
    .MinimumLevel.Debug()
#else
    .MinimumLevel.Information()
#endif
    .MinimumLevel.Override("Microsoft", LogEventLevel.Information)
    .MinimumLevel.Override("Microsoft.EntityFrameworkCore",
LogEventLevel.Warning)
    .WriteTo.Async(c=>c.Console())
    .WriteTo.Async(c=>c.File("Logs/log.txt", rollingInterval:
RollingInterval.Day))
```

```
        .CreateLogger();
 builder.Host.UseSerilog();
```

至此完成了 Serilog 的集成。

上面的代码配置了日志记录级别和相关过滤条件，以及控制台输出和文件输出，文件输出自动按每天分文件。

这里使用了一个 Serilog.Sinks.Async 的包，这个包将日志采用异步的方式写入，可以提高日志的写入性能。

如果追求日志更灵活的配置，可以使用 Serilog.Settings.Configuration 包，这个包可以从配置文件中读取日志配置。

同时 Serilog.Sinks 提供了很多日志输出方式，包括日志输出到 ELK、SqlServer、Email 等，当然，也可以自定义 Sinks 将日志写入自己的日志系统中。按照实际需求场景配置即可。

15.3 统一业务异常处理

异常处理也是必不可少的一环，借助 ASP.NET Core 的 UseExceptionHandler 中间件，可以很轻易地配置业务异常处理逻辑。

▶▶ 15.3.1 自定义业务异常类

首先定义一个业务异常类，继承 Exception，添加一个 Code 状态码属性和 MessageData 数组，这个数组用于 Format 异常信息。在实际业务场景中可以灵活扩展此类。

```
namespace Wheel.Core.Exceptions
{
    public class BusinessException : Exception
    {
        public string Code { get; set; }
        public string[]? MessageData{ get; set; }
        public BusinessException(string code, string? message = "") :
base(message)
        {
            Code = code;
        }
        public BusinessExceptionWithMessageDataData(params string[]
messageData)
        {
MessageData = messageData;
```

```
            return this;
        }
    }
}
```

▶▶ 15.3.2　约定错误码

在业务开发中，经常需要根据错误码去判断具体的业务错误类型。所以需要约定一个错误码格式。

创建一个 ErrorCode 类。

```
/// <summary>
/// 错误码
/// 约定 5 位数字字符串
/// 4XXXX:客户端错误信息
/// 5XXXX: 服务端错误信息
/// </summary>
public class ErrorCode
{
    #region 5XXXX
    public const string InternalError = "50000";
    #endregion
    #region 4XXXX
    #endregion
}
```

这里约定 5 位数错误码，5 开头则是服务端的错误类型，4 开头则是客户端错误类型。当然，往后可以按照实际业务需求做出更多的约定或者改动。

▶▶ 15.3.3　UseExceptionHandler

接下来使用 UseExceptionHandler 配置异常处理逻辑。

在 Program 中添加代码。

```
app.UseExceptionHandler(exceptionHandlerApp =>
{
exceptionHandlerApp.Run(async context =>
    {
context.Response.StatusCode = StatusCodes.Status500InternalServerError;
        // using static System.Net.Mime.MediaTypeNames;
context.Response.ContentType = Application.Json;
        var exceptionHandlerPathFeature =
context.Features.Get<IExceptionHandlerPathFeature>();
```

```
        if (exceptionHandlerPathFeature?.Error is BusinessExceptionbusinessException)
        {
            var L =
context.RequestServices.GetRequiredService<IStringLocalizerFactory>().Create(null);
            if (businessException.MessageData != null)
                await context.Response.WriteAsJsonAsync(new R { Code =
businessException.Code, Message = L[businessException.Message,
businessException.MessageData] });
            else
                await context.Response.WriteAsJsonAsync(new R { Code =
businessException.Code, Message = L[businessException.Message] });
        }
        else
        {
            await context.Response.WriteAsJsonAsync(new R { Code =
ErrorCode.InternalError, Message =
exceptionHandlerPathFeature?.Error.Message });
        }
    });
});
```

这里判断如果是 BusinessException 类型异常，则返回统一的 Json 结构，并且使用多语言处理异常信息。

到这里就轻松地完成了统一业务异常处理。

15.4 统一请求响应格式

在上一节中实现了统一业务异常处理，在异常响应中也使用了统一的响应格式返回给客户端。

接下来讲一下约定统一的请求响应格式。

在业务开发中，一个规范统一的请求响应格式可以提高前后端开发对接效率，同时清晰的结构提高了可读性。

▶▶ 15.4.1 响应基类

首先需要约定和定义相应的格式，然后构造相应的基类。

1. 基础响应基类

定义一个最基础的只提供 Code 和 Message 两个属性的基类。

```
public class R
{
    public R(){}
    public R(string code, string message)
    {
        Code = code;
        Message = message;
    }
    public string Code { get; set; } = "0";
    public string Message { get; set; } = "success";
}
```

约定状态码 0 则是成功，**Message** 成功默认为 **success**。

2. 泛型响应类

业务请求中通常需要返回数据，所以一个统一格式泛型的响应类型就很有必要。直接继承 **R** 类型，添加一个泛型属性。

```
public class R<TData> : R
{
    public R(TData data) : base()
    {
        Data = data;
    }

    public TData Data { get; set; }
}
```

▶▶ 15.4.2 分页基类

有了基础响应基类之后，可以在这个基础上再扩展出分页基类。

1. 分页泛型响应类

除了普通的数据响应，很多情况也需要分页查询响应。那么单独构造一个分页专用泛型的响应类型和分页请求基类就很有必要。

```
public class Page<TData> : R
{
    public Page(List<TData> data, long total) : base()
    {
        Data = data;
        Total = total;
    }
    public List<TData> Data { get; set; }
```

```
        public long Total { get; set; }
    }
```

同样是继承 R 基类，添加一个泛型 List 属性和分页 Total 属性。

2. 分页请求基类

分页请求大部分是固定的，请求参数是页码，请求数据量，以及排序。所以把这三个属性抽象出来形成基类。后续复杂的分页业务查询即可继承此基类，再额外增加查询条件。

```
public class PageRequest
{
    public int PageIndex{ get; set; } = 1;
    public int PageSize { get; set; } = 10;
    public string OrderBy { get; set; } = "Id";
}
```

至此完成了基础的请求响应格式的统一。

15.5　缓存

在 ASP.NET Core 中，可以使用缓存来提高应用程序的性能和响应速度。

▶▶ 15.5.1　缓存介绍

缓存是一种用于存储临时数据的技术，旨在提高数据访问的速度和性能。它通过将经常访问的数据存储在快速访问的位置，以便在后续请求中快速检索，从而减少对慢速数据源（如数据库或外部服务）的频繁访问。

1. 缓存的概念和作用

以下是缓存的一些关键概念和优势：

工作原理：当应用程序需要获取数据时，它首先检查缓存中是否存在该数据。如果缓存中存在数据，则应用程序直接从缓存中获取，避免了访问慢速数据源的开销。如果缓存中不存在数据，则应用程序从数据源中获取数据，并将其存储在缓存中，以便后续访问时可以直接获取。

优势。

（1）提高性能：缓存可以显著减少对慢速数据源的访问次数，从而加快数据访问速度，提高应用程序的性能和响应速度。

（2）减轻负载：通过减少对慢速数据源的访问，缓存可以减轻数据源的负载，提高整体系统的可扩展性和稳定性。

（3）减少网络开销：如果数据源位于远程服务器上，缓存可以减少网络传输的开销，从而降低延迟和带宽消耗。

缓存策略。

（1）过期时间：缓存项可以设置过期时间，超过该时间后将被视为过期并从缓存中删除。过期时间可以是绝对时间（固定时间点）或相对时间（从最后一次访问开始计算）。

（2）优先级：缓存项可以设置优先级，用于在内存不足时决定哪些缓存项应该被删除。较低优先级的缓存项可能会被更早地删除。

（3）刷新策略：缓存项可以设置刷新策略，以在缓存项过期时自动刷新数据。这可以确保在获取过期数据时不会出现数据不一致的情况。

缓存实现：在不同的应用程序和平台上，有多种缓存实现可供选择，包括内存缓存、分布式缓存、文件缓存等。具体选择取决于应用程序的需求和环境。

缓存是一种重要的技术，可用于提高应用程序的性能和响应速度。通过合理配置和使用缓存，可以减少对慢速数据源的访问，提高数据访问效率，并改善用户体验。

2. ASP.NET Core 中的缓存机制

ASP.NET Core 提供了 IMemoryCache 和 IDistributedCache 接口，用于在内存中存储和管理缓存项。

▶▶ 15.5.2 缓存的基本用法

接下来分别介绍一下内存缓存与分布式缓存的一些用法。

1. MemoryCache 内存缓存

内存中缓存使用服务器内存来存储缓存的数据。这种类型的缓存适用于使用会话亲和性的单个服务器或多个服务器。会话亲和性也称为"粘滞会话"。会话亲和性是指来自客户端的请求总是路由到同一个服务器进行处理。

以下是 ASP.NET Core 中内存缓存机制的一般步骤和关键概念：

注册缓存服务：

在 Startup.cs 文件的 ConfigureServices 方法中，通过调用 services.AddMemoryCache() 方法来注册内存缓存服务。这将使 IMemoryCache 接口在应用程序中可用。

使用缓存。

在需要使用缓存的地方，可以通过依赖注入方式获取 IMemoryCache 实例，并使用它来读取、写入和删除缓存项。

（1）读取缓存项：使用 Get<T>（object key）方法从缓存中获取指定键的值。如果缓存中不存在该键，则返回默认值或执行提供的委托来获取值，并将其添加到缓存中。

（2）写入缓存项：使用 Set（object key, object value, TimeSpanabsoluteExpiration）方法将指定的键值对添加到缓存中，并指定缓存项的过期时间。

（3）删除缓存项：使用 Remove（object key）方法从缓存中删除指定键的缓存项。

缓存策略。

ASP.NET Core 的缓存机制还提供了一些缓存策略，用于控制缓存项的过期和刷新行为。

（1）绝对过期时间：可以通过设置缓存项的 absoluteExpiration 参数来指定缓存项的绝对过期时间。

（2）滑动过期时间：可以通过设置缓存项的 slidingExpiration 参数来指定缓存项的滑动过期时间。如果在指定的时间内没有访问缓存项，它将过期并被删除。

（3）缓存优先级：可以通过设置缓存项的 priority 参数来指定缓存项的优先级。缓存优先级可用于在内存不足时，决定哪些缓存项应该被删除。

缓存回调：可以通过设置缓存项的 PostEvictionCallbacks 属性来注册缓存项过期后的回调函数，以执行一些自定义逻辑。

通过合理配置和使用缓存，可以根据具体需求提高应用程序的性能和响应速度。请注意，内存缓存仅适用于单个应用程序实例，如果需要在多个应用程序实例之间共享缓存数据，可以考虑使用分布式缓存解决方案，如 Redis 缓存。

2. DistributedCache 分布式缓存

当应用托管在云或服务器中时，使用分布式缓存将数据存储在内存中。缓存在处理请求的服务器之间共享。如果客户端的缓存数据可用，则客户端可以提交由组中的任何服务器处理的请求。

以下是使用 IDistributedCache 的一般步骤。

（1）注册分布式缓存服务。

在 Startup.cs 文件的 ConfigureServices 方法中，通过调用适当的方法（如 AddStackExchangeRedis-Cache、AddSqlServerCache 等）来注册所选的分布式缓存提供程序。这将使 IDistributedCache 接口在应用程序中可用。

（2）使用分布式缓存。

在需要使用分布式缓存的地方，可以通过依赖注入方式获取 IDistributedCache 实例，并使用它来读取、写入和删除缓存项。

- 读取缓存项：使用 Get（string key）方法从分布式缓存中获取指定键的值。如果缓存中不存在该键，则返回 null。
- 写入缓存项：使用 Set（string key, byte [] value, DistributedCacheEntryOptions options）方法将指定的键值对添加到分布式缓存中，并指定缓存项的选项。
- 删除缓存项：使用 Remove（string key）方法从分布式缓存中删除指定键的缓存项。

（3）缓存项选项。

DistributedCacheEntryOptions 类用于指定缓存项的选项，包括过期时间、优先级和缓存回调等。

- 过期时间：可以通过设置 **AbsoluteExpiration** 属性来指定缓存项的绝对过期时间。
- 优先级：可以通过设置 **Priority** 属性来指定缓存项的优先级。
- 缓存回调：可以通过设置 **RegisterPostEvictionCallback** 方法来注册缓存项过期后的回调函数。

（4）注意事项。

分布式缓存的性能可能会受到网络延迟和分布式缓存提供程序的性能影响，因此在使用分布式缓存时，需要考虑这些因素。

在使用分布式缓存时，存储在缓存中的数据通常需要进行序列化和反序列化操作，因此确保存储的数据类型是可序列化的。

通过使用 **IDistributedCache** 接口，可以在多个应用程序实例之间共享缓存数据，并提高应用程序的性能和可扩展性。根据需求，选择适当的分布式缓存提供程序，并配置缓存项的选项，以满足应用程序的需求。

3. 扩展 IDistributedCache

在原生使用中，**IDistributedCache** 不支持泛型 **GetSet**，只能先序列化成字符串再操作。而 **IMemoryCache** 却可以，所以为了统一操作习惯，来扩展一下 **IDistributedCache**。

添加一个 **DistributedCacheExtension** 类。

```
using System.Text.Json;
namespace Microsoft.Extensions.Caching.Distributed
{
    public static class DistributedCacheExtension
    {
        public static async Task<T>GetAsync<T>(this IDistributedCache cache,
string key, CancellationTokencancellationToken = default)
        {
            var value = await cache.GetStringAsync(key, cancellationToken);
            if (string.IsNullOrWhiteSpace(value))
                return default(T);
            return JsonSerializer.Deserialize<T>(value);
        }
        public static async Task SetAsync<T>(this IDistributedCache cache,
string key, T value, CancellationTokencancellationToken = default)
        {
            await cache.SetStringAsync(key, JsonSerializer.Serialize(value),
cancellationToken);
```

```
    }
    public static async Task SetAsync<T>(this IDistributedCache cache,
string key, T value, DistributedCacheEntryOptionsdistributedCacheEntryOptions,
CancellationTokencancellationToken = default)
    {
        await cache.SetStringAsync(key, JsonSerializer.Serialize(value),
distributedCacheEntryOptions, cancellationToken);
    }
    public static async Task
SetAbsoluteExpirationRelativeToNowAsync<T>(this IDistributedCache cache,
string key, T value, TimeSpantimeSpan, CancellationTokencancellationToken =
default)
    {
        var options = new DistributedCacheEntryOptions
        {
AbsoluteExpirationRelativeToNow = timeSpan
        };
        await cache.SetStringAsync(key, JsonSerializer.Serialize(value),
options, cancellationToken);
    }
    public static async Task SetAbsoluteExpirationAsync<T>(this
IDistributedCache cache, string key, T value, DateTimeOffsetdateTimeOffset,
CancellationTokencancellationToken = default)
    {
        var options = new DistributedCacheEntryOptions
        {
AbsoluteExpiration = dateTimeOffset
        };
        await cache.SetStringAsync(key, JsonSerializer.Serialize(value),
options, cancellationToken);
    }
    public static async Task SetSlidingExpirationAsync<T>(this
IDistributedCache cache, string key, T value, TimeSpanslidingExpiration,
CancellationTokencancellationToken = default)
    {
        var options = new DistributedCacheEntryOptions
        {
SlidingExpiration = slidingExpiration
        };
        await cache.SetStringAsync(key, JsonSerializer.Serialize(value),
options, cancellationToken);
    }
    }
}
```

这里使用 System.Text.Json 封装一下序列化的读写操作。顺带封装一下过期机制。

这里命名空间也使用 Microsoft.Extensions.Caching.Distributed，这样就不需要再额外 using（开发关键字）命名空间才能使用这些扩展方法了。

15.6　ORM 集成

前面一些基础学习得差不多了，接下来可以集成数据库，官方出品的 ORM 还是比较好的。所以接下来就是集成 EF Core。

▶▶ 15.6.1　安装包

首先需要安装一下 **EF CORE** 的 Nuget 包，有如下几个：

```
Microsoft.EntityFrameworkCore.Proxies
Microsoft.EntityFrameworkCore.Sqlite
Microsoft.EntityFrameworkCore.Design
Microsoft.EntityFrameworkCore.Tools
```

其中 **Microsoft.EntityFrameworkCore.Sqlite** 可以根据实际使用的数据库进行替换。

而 **Microsoft.EntityFrameworkCore.Proxies** 则是用于启用 EF 中的懒加载模式。

Microsoft.EntityFrameworkCore.Design 和 **Microsoft.EntityFrameworkCore.Tools** 则是用于数据库迁移。

▶▶ 15.6.2　DbContext

接下来创建 DbContext 文件。

```
namespace Wheel.EntityFrameworkCore
{
    public class WheelDbContext :DbContext
    {
        public WheelDbContext(DbContextOptions<WheelDbContext> options) : base(options)
        {
        }
        protected override void OnModelCreating(ModelBuilder builder)
        {
base.OnModelCreating(builder);
        }
    }
}
```

在 **Program** 中添加 DbContext。

```
var connectionString = builder.Configuration.GetConnectionString("Default") ?? throw new
InvalidOperationException("Connection string 'Default' not found.");
builder.Services.AddDbContext<WheelDbContext>(options =>
options.UseSqlite(connectionString)
        .UseLazyLoadingProxies()
);
```

在配置文件中添加连接字符串。

```
"ConnectionStrings": {
  "Default": "Data Source=Wheel.WebApi.Host.db"
}
```

▶▶ 15.6.3 封装 Repository

在 AddDbContext 之后，就可以在程序中直接注入 WheelDbContext 来操作数据库了。但是为了以后可能随时切换 ORM，还是封装一层 Repository 来操作数据库。

1. IBasicRepository 接口定义

新增 IBasicRepository 泛型接口：

```
public interface IBasicRepository<TEntity, TKey> where TEntity : class
    {
        Task<TEntity>InsertAsync(TEntity entity, bool autoSave = false,
CancellationTokencancellationToken = default);
        Task InsertManyAsync(List<TEntity> entities, bool autoSave = false,
CancellationTokencancellationToken = default);
        Task<TEntity>UpdateAsync(TEntity entity, bool autoSave = false,
CancellationTokencancellationToken = default);
        Task UpdateAsync(Expression<Func<TEntity, bool>> predicate,
Expression < Func < SetPropertyCalls < TEntity >, SetPropertyCalls < TEntity > > >
setPropertyCalls, bool autoSave = false, CancellationTokencancellationToken = default);
        Task UpdateManyAsync(List<TEntity> entities, bool autoSave = false,
CancellationTokencancellationToken = default);
        Task DeleteAsync(TKey id, bool autoSave = false,
CancellationTokencancellationToken = default);
        Task DeleteAsync(TEntity entity, bool autoSave = false,
CancellationTokencancellationToken = default);
        Task DeleteAsync (Expression < Func < TEntity, bool > > predicate, bool autoSave =
false, CancellationTokencancellationToken = default);
        Task DeleteManyAsync(List<TEntity> entities, bool autoSave = false,
CancellationTokencancellationToken = default);
        Task<TEntity? >FindAsync(TKey id, CancellationTokencancellationToken = default);
        Task<TEntity? >FindAsync(Expression<Func<TEntity, bool>> predicate,
```

```
CancellationTokencancellationToken = default);
        Task<bool>AnyAsync(CancellationTokencancellationToken = default);
        Task<bool>AnyAsync(Expression<Func<TEntity, bool>> predicate,
CancellationTokencancellationToken = default);
        Task<List<TEntity>>GetListAsync(Expression<Func<TEntity, bool>> predicate,
CancellationTokencancellationToken = default, params Expression<Func<TEntity, object>>
[] propertySelectors);
        Task<List<TSelect>>SelectListAsync<TSelect>(Expression<Func<TEntity, bool>>
predicate, Expression<Func<TEntity, TSelect>>selectPredicate,
CancellationTokencancellationToken = default);
        Task<List<TSelect>>SelectListAsync<TSelect>(Expression<Func<TEntity, bool>>
predicate, Expression<Func<TEntity, TSelect>>selectPredicate,
CancellationTokencancellationToken = default, params Expression<Func<TEntity, object>>
[] propertySelectors);
        Task<(List<TSelect> items, long
total)>SelectPageListAsync<TSelect>(Expression<Func<TEntity, bool>> predicate,
Expression<Func<TEntity, TSelect>>selectPredicate, int skip, int take, string orderby =
"Id", CancellationTokencancellationToken = default);
        Task<(List<TSelect> items, long
total)>SelectPageListAsync<TSelect>(Expression<Func<TEntity, bool>> predicate,
Expression<Func<TEntity, TSelect>>selectPredicate, int skip, int take, string orderby =
"Id", CancellationTokencancellationToken = default, params Expression < Func < TEntity,
object>>[] propertySelectors);
        Task < (List < TEntity > items, long total) > GetPageListAsync (Expression < Func
<TEntity, bool>> predicate, int skip, int take, string orderby = "Id", CancellationToken-
cancellationToken = default);
        Task < (List < TEntity > items, long total) > GetPageListAsync (Expression < Func
<TEntity, bool>> predicate, int skip, int take, string orderby = "Id", CancellationToken-
cancellationToken = default, params Expression<Func<TEntity, object>>[] propertySelec-
tors);
IQueryable<TEntity>GetQueryable(bool noTracking = true);
IQueryable<TEntity>GetQueryableWithIncludes(params Expression<Func<TEntity, object>>
[] propertySelectors);
        Task<int>SaveChangeAsync(CancellationTokencancellationToken = default);
        Expression<Func<TEntity, bool>>BuildPredicate(params (bool condition,
Expression<Func<TEntity, bool>> predicate)[] conditionPredicates);
    }
    public interface IBasicRepository<TEntity> : IBasicRepository<TEntity, object> where
TEntity : class
    {
    }
```

IBasicRepository<TEntity, TKey>用于单主键的表结构，IBasicRepository<TEntity>：IBasicRepository <TEntity，object>用于复合主键的表结构。

2. 实现 BasicRepository

接下来实现一下 BasicRepository：

```
public class EFBasicRepository<TEntity, TKey> : IBasicRepository<TEntity, TKey> where
TEntity : class
    {
        private readonlyWheelDbContext _dbContext;
        private DbSet<TEntity>DbSet => _dbContext.Set<TEntity>();
        public EFBasicRepository(WheelDbContextdbContext)
        {
            _dbContext = dbContext;
        }
        public async Task<TEntity>InsertAsync(TEntity entity, bool autoSave = false,
CancellationTokencancellationToken = default)
        {
            var savedEntity = (await _dbContext.Set<TEntity>().AddAsync(entity,
cancellationToken)).Entity;
            if (autoSave)
            {
                await _dbContext.SaveChangesAsync(cancellationToken);
            }
            return savedEntity;
        }
        public async Task InsertManyAsync(List<TEntity> entities, bool autoSave = false,
CancellationTokencancellationToken = default)
        {
            await _dbContext.Set<TEntity>().AddRangeAsync(entities, cancellationToken);
            if (autoSave)
            {
                await _dbContext.SaveChangesAsync(cancellationToken);
            }
        }
        public async Task<TEntity>UpdateAsync(TEntity entity, bool autoSave = false, Can-
cellationTokencancellationToken = default)
        {
            var savedEntity = _dbContext.Set<TEntity>().Update(entity).Entity;

            if (autoSave)
            {
                await _dbContext.SaveChangesAsync(cancellationToken);
            }
            return savedEntity;
        }
```

```
        public async Task UpdateAsync(Expression<Func<TEntity, bool>> predicate,
Expression<Func<SetPropertyCalls<TEntity>, SetPropertyCalls<TEntity>>>
setPropertyCalls, bool autoSave = false, CancellationTokencancellationToken = default)
        {
            await
_dbContext.Set<TEntity>().Where(predicate).ExecuteUpdateAsync(setPropertyCalls,
cancellationToken);
            if (autoSave)
            {
                await _dbContext.SaveChangesAsync(cancellationToken);
            }
        }
        public async Task UpdateManyAsync(List<TEntity> entities, bool autoSave = false,
CancellationTokencancellationToken = default)
        {
            _dbContext.Set<TEntity>().UpdateRange(entities);
            if (autoSave)
            {
                await _dbContext.SaveChangesAsync(cancellationToken);
            }
        }
        public async Task DeleteAsync(TKey id, bool autoSave = false,
CancellationTokencancellationToken = default)
        {
            var entity = await _dbContext.Set<TEntity>().FindAsync(id, cancellationToken);
            if(entity != null)
                _dbContext.Set<TEntity>().Remove(entity);
            if (autoSave)
            {
                await _dbContext.SaveChangesAsync(cancellationToken);
            }
        }
        public async Task DeleteAsync(TEntity entity, bool autoSave = false,
CancellationTokencancellationToken = default)
        {
            _dbContext.Set<TEntity>().Remove(entity);
            if (autoSave)
            {
                await _dbContext.SaveChangesAsync(cancellationToken);
            }
        }
        public async Task DeleteAsync(Expression<Func<TEntity, bool>> predicate,
bool autoSave = false, CancellationTokencancellationToken = default)
        {
```

```
        await
_dbContext.Set<TEntity>().Where(predicate).ExecuteDeleteAsync(cancellationToken);
        if (autoSave)
        {
            await _dbContext.SaveChangesAsync(cancellationToken);
        }
    }
    public async Task DeleteManyAsync(List<TEntity> entities, bool autoSave = false,
CancellationTokencancellationToken = default)
    {
        _dbContext.Set<TEntity>().RemoveRange(entities);
        if (autoSave)
        {
            await _dbContext.SaveChangesAsync(cancellationToken);
        }
    }
    public async Task<TEntity? >FindAsync(TKey id, CancellationTokencancellationToken =
default)
    {
        return await _dbContext.Set<TEntity>().FindAsync(id, cancellationToken);
    }
    public async Task<TEntity? >FindAsync(Expression<Func<TEntity, bool>> predicate,
CancellationTokencancellationToken = default)
    {
        return await _dbContext.Set<TEntity>().AsNoTracking().FirstOrDefaultAsync
(predicate, cancellationToken);
    }
    public async Task<List<TEntity>>GetListAsync(Expression<Func<TEntity, bool>>
predicate, CancellationTokencancellationToken = default)
    {
        return await _dbContext.Set<TEntity>().Where(predicate).ToListAsync(cancel-
lationToken);
    }
    public async Task<List<TEntity>>GetListAsync(Expression<Func<TEntity, bool>>
predicate, CancellationTokencancellationToken = default, params Expression < Func
<TEntity, object>>[] propertySelectors)
    {
        return await
GetQueryableWithIncludes(propertySelectors).Where(predicate).ToListAsync
(cancellationToken);
    }
    public async Task<List<TSelect>>SelectListAsync<TSelect>(Expression<Func<TEntity,
bool>> predicate, Expression<Func<TEntity, TSelect>>selectPredicate,
CancellationTokencancellationToken = default, params Expression<Func<TEntity, object>>
[] propertySelectors)
```

```
        {
            return await
GetQueryableWithIncludes(propertySelectors).Where(predicate).Select(selectPredicate).
ToListAsync(cancellationToken);
        }
        public async Task<List<TSelect>>SelectListAsync<TSelect>(Expression<Func
<TEntity, bool>> predicate, Expression<Func<TEntity, TSelect>>selectPredicate,
CancellationTokencancellationToken = default)
        {
            return await
GetQueryable().Where(predicate).Select(selectPredicate).ToListAsync(cancellationToken);
        }
        public async Task<(List<TSelect> items, long
total)>SelectPageListAsync<TSelect>(Expression<Func<TEntity, bool>> predicate,
Expression<Func<TEntity, TSelect>>selectPredicate, int skip, int take, string orderby =
"Id", CancellationTokencancellationToken = default)
        {
            var query = GetQueryable().Where(predicate).Select(selectPredicate);
            var total = await query.LongCountAsync(cancellationToken);
            var items = await query.OrderBy(orderby)
                .Skip(skip).Take(take)
                .ToListAsync(cancellationToken);
            return (items, total);
        }
        public async Task<(List<TSelect> items, long
total)>SelectPageListAsync<TSelect>(Expression<Func<TEntity, bool>> predicate,
Expression<Func<TEntity, TSelect>>selectPredicate, int skip, int take, string orderby =
"Id", CancellationTokencancellationToken = default, params Expression<Func<TEntity,
object>>[] propertySelectors)
        {
            var query =
GetQueryableWithIncludes(propertySelectors).Where(predicate).Select(selectPredicate);
            var total = await query.LongCountAsync(cancellationToken);
            var items = await query.OrderBy(orderby)
                .Skip(skip).Take(take)
                .ToListAsync(cancellationToken);
            return (items, total);
        }
        public async Task<(List<TEntity> items, long
total)>GetPageListAsync(Expression<Func<TEntity, bool>> predicate, int skip, int take,
string orderby = "Id", CancellationTokencancellationToken = default)
        {
            var query = GetQueryable().Where(predicate);
            var total = await query.LongCountAsync(cancellationToken);
```

```
            var items = await query.OrderBy(orderby)
                .Skip(skip).Take(take)
                .ToListAsync(cancellationToken);
            return (items, total);
        }
        public async Task<(List<TEntity> items, long
total)>GetPageListAsync(Expression<Func<TEntity, bool>> predicate,
            int skip, int take, string orderby = "Id", CancellationTokencancellationToken
= default, params Expression<Func<TEntity, object>>[] propertySelectors)
        {
            var query = GetQueryableWithIncludes(propertySelectors).Where(predicate);
            var total = await query.LongCountAsync(cancellationToken);
            var items = await query.OrderBy(orderby)
                .Skip(skip).Take(take)
                .ToListAsync(cancellationToken);
            return (items, total);
        }
        public Task<bool>AnyAsync(CancellationTokencancellationToken = default)
        {
            return DbSet.AnyAsync(cancellationToken);
        }
        public Task<bool>AnyAsync(Expression<Func<TEntity, bool>> predicate,
CancellationTokencancellationToken = default)
        {
            return DbSet.AnyAsync(predicate, cancellationToken);
        }
        public IQueryable<TEntity>GetQueryable(bool noTracking = true)
        {
            if (noTracking)
            {
                return _dbContext.Set<TEntity>().AsNoTracking();
            }
            return _dbContext.Set<TEntity>();
        }
        public IQueryable<TEntity>GetQueryableWithIncludes(params Expression<Func
<TEntity, object>>[] propertySelectors)
        {
            return Includes(GetQueryable(), propertySelectors);
        }
        public Expression<Func<TEntity, bool>>BuildPredicate(params (bool condition,
Expression<Func<TEntity, bool>> predicate)[] conditionPredicates)
        {
            if(conditionPredicates == null || conditionPredicates.Length == 0)
            {
```

```
                throw new ArgumentNullException("conditionPredicatescan not be null.");
            }
            Expression<Func<TEntity, bool>>? buildPredicate = null;
            foreach (var (condition, predicate) in conditionPredicates)
            {
                if (condition)
                {
                    if (buildPredicate == null)
buildPredicate = predicate;
                    else if(predicate != null)
buildPredicate = buildPredicate.And(predicate);
                }
            }
            if(buildPredicate == null)
            {
buildPredicate = (o) => true;
            }
            return buildPredicate;
        }
        private static IQueryable < TEntity > Includes ( IQueryable < TEntity > query,
Expression<Func<TEntity, object>>[] propertySelectors)
        {
            if (propertySelectors != null &&propertySelectors.Length> 0)
            {
                foreach (var propertySelector in propertySelectors)
                {
                    query = query.Include(propertySelector);
                }
            }
            return query;
        }
    public async Task<int>SaveChangeAsync(CancellationTokencancellationToken = default)
    {
        return await _dbContext.SaveChangesAsync(cancellationToken);
    }
    protected DbSet<TEntity>GetDbSet()
    {
        return _dbContext.Set<TEntity>();
    }
    protected IDbConnectionGetDbConnection()
    {
        return _dbContext.Database.GetDbConnection();
    }
    protected IDbTransaction? GetDbTransaction()
```

```
        {
            return _dbContext.Database.CurrentTransaction?.GetDbTransaction();
        }


    }
    public class EFBasicRepository<TEntity> : EFBasicRepository<TEntity, object>,
IBasicRepository<TEntity> where TEntity : class
    {
        public EFBasicRepository(WheelDbContextdbContext) : base(dbContext)
        {
        }
    }
```

这样 CURD 操作的 Repository 就实现好了。

在列表查询和分页查询中，特意实现了 SelectList，避免在某些场景下，每次查询数据库都查询所有表字段却只使用了其中几个字段。也能有效提高查询性能。

这里分页查询特意使用了元组返回值，避免在分页查询时需要写两次操作，一次查总数，一次查真实数据。

另外实现了一个 BuildPredicate 来拼接条件表达式，笔者用了一个方法来去掉 WhereIf。

实际操作如图 15-2 所示。

```
public async Task<Page<UserDto>> GetUserPageList(UserPageRequest pageRequest)
{
    var (items, total) = await _userRepository.SelectPageListAsync(
        _userRepository.BuildPredicate(
            (!string.IsNullOrWhiteSpace(pageRequest.UserName), u => u.UserName.Contains(pageRequest.UserName)),
            (!string.IsNullOrWhiteSpace(pageRequest.Email), u => u.Email.Contains(pageRequest.Email)),
            (!string.IsNullOrWhiteSpace(pageRequest.PhoneNumber), u => u.PhoneNumber.Contains(pageRequest.PhoneNumber)),
            (pageRequest.EmailConfirmed.HasValue, u => u.EmailConfirmed.Equals(pageRequest.EmailConfirmed)),
            (pageRequest.PhoneNumberConfirmed.HasValue, u => u.PhoneNumberConfirmed.Equals(pageRequest.PhoneNumberConfirmed))
            ),
        o => new UserDto
        {
            UserName = o.UserName,
            Email = o.Email,
            PhoneNumber = o.PhoneNumber,
            EmailConfirmed = o.EmailConfirmed,
            PhoneNumberConfirmed = o.PhoneNumberConfirmed,
            CreationTime = o.CreationTime
        },
        (pageRequest.PageIndex - 1) * pageRequest.PageSize,
        pageRequest.PageSize,
        pageRequest.OrderBy
        );

    return new Page<UserDto>(items, total);
}
```

● 图 15-2

当然 BuildPredicate 这个方法也不只有在查询方法中可以使用，在删除和更新方法中，同样可以根据条件拼接条件表达式。

3. 添加到依赖注入

由于 Autofac 的 RegisterAssemblyTypes 不支持泛型接口注入，所以这里需要使用 RegisterGeneric 来注册泛型仓储。

在 WheelAutofacModule 中添加如下代码即可：

```
builder.RegisterGeneric(typeof(EFBasicRepository<,>)).As(typeof(IBasicRepository
<,>)).InstancePerDependency();
builder.RegisterGeneric(typeof(EFBasicRepository<>)).As(typeof(IBasicRepository<>)).
InstancePerDependency();
```

▶▶ 15.6.4 工作单元 UOW

工作单元模式用于协调多个仓储的操作，并确保它们在一个事务中进行。这里来实现一个简单的工作单元模式。

1. 实现 DbTransaction

首先实现一个 DbTransaction：

```
namespace Wheel.Uow
{
    public interface IDbTransaction :IDisposable, IAsyncDisposable
    {
        Task<IDbContextTransaction>BeginTransactionAsync(CancellationTokencancellationToken
= default);
        Task CommitAsync(CancellationTokencancellationToken = default);
        Task RollbackAsync(CancellationTokencancellationToken = default);
    }
    public class DbTransaction : IDbTransaction
    {
        private readonlyDbContext _dbContext;
IDbContextTransaction? CurrentDbContextTransaction;
        bool isCommit = false;
        bool isRollback = false;
        public DbTransaction(DbContextdbContext)
        {
            _dbContext = dbContext;
        }
        public async
Task<IDbContextTransaction>BeginTransactionAsync(CancellationTokencancellationToken =
default)
        {
CurrentDbContextTransaction = await
_dbContext.Database.BeginTransactionAsync(cancellationToken);
```

```
            return CurrentDbContextTransaction;
        }
        public async Task CommitAsync(CancellationTokencancellationToken = default)
        {
            await _dbContext.SaveChangesAsync();
            await _dbContext.Database.CommitTransactionAsync();
isCommit = true;
CurrentDbContextTransaction = null;
        }
        public void Commit()
        {
            _dbContext.Database.CommitTransaction();
isCommit = true;
CurrentDbContextTransaction = null;
        }

        public async Task RollbackAsync(CancellationTokencancellationToken = default)
        {
            await _dbContext.Database.RollbackTransactionAsync(cancellationToken);
isRollback = true;
CurrentDbContextTransaction = null;
        }
        public void Dispose()
        {
            if(CurrentDbContextTransaction != null)
            {
                if(!isCommit&& ! isRollback)
                {
                    Commit();
                }
CurrentDbContextTransaction.Dispose();
            }
        }
        public async ValueTaskDisposeAsync()
        {
            if(CurrentDbContextTransaction != null)
            {
                if (!isCommit&& ! isRollback)
                {
                    await CommitAsync();
                }
                await CurrentDbContextTransaction.DisposeAsync();
            }
        }
    }
}
```

DbTransaction 负责操作开启事务、提交事务以及回滚事务。

2. 实现 UnitOfWork

实现 UnitOfWork：

```
namespace Wheel.Uow
{
    public interface IUnitOfWork : IScopeDependency, IDisposable, IAsyncDisposable
    {
        Task<int>SaveChangesAsync(CancellationTokencancellationToken = default);
        Task<IDbTransaction>BeginTransactionAsync(CancellationTokencancellationToken =
default);
        Task CommitAsync(CancellationTokencancellationToken = default);
        Task RollbackAsync(CancellationTokencancellationToken = default);
    }
    public class UnitOfWork : IUnitOfWork
    {
        private readonlyWheelDbContext _dbContext;
        private IDbTransaction? Transaction = null;
        public UnitOfWork(WheelDbContextdbContext)
        {
            _dbContext = dbContext;
        }
        public async Task<int>SaveChangesAsync(CancellationTokencancellationToken = default)
        {
            return await _dbContext.SaveChangesAsync(cancellationToken);
        }
        public async
Task<IDbTransaction>BeginTransactionAsync(CancellationTokencancellationToken = default)
        {
            Transaction = new DbTransaction(_dbContext);
            await Transaction.BeginTransactionAsync(cancellationToken);
            return Transaction;
        }
        public async Task CommitAsync(CancellationTokencancellationToken = default)
        {
            if(Transaction == null)
            {
                throw new Exception("Transaction is null, Please BeginTransaction");
            }
            await Transaction.CommitAsync(cancellationToken);
        }
        public async Task RollbackAsync(CancellationTokencancellationToken = default)
        {
```

```
            if (Transaction == null)
            {
                throw new Exception("Transaction is null, Please BeginTransaction");
            }
            await Transaction.RollbackAsync(cancellationToken);
        }
        public void Dispose()
        {
            if(Transaction ! = null)
    Transaction.Dispose();
            _dbContext.Dispose();
        }
        public async ValueTaskDisposeAsync()
        {
            if (Transaction ! = null)
                await Transaction.DisposeAsync();
            await _dbContext.DisposeAsync();
        }
    }
}
```

UnitOfWork 负责控制 DbTransaction 的操作，以及数据库 SaveChanges。

▶▶ 15.6.5 EF 拦截器

在数据库操作中，经常有一些希望可以自动记录的数据，如插入数据自动根据当前时间给创建时间字段赋值，修改时自动根据当前时间修改最近更新时间字段。亦或者当需要软删除操作时，正常调用 Delete 方法，实际是修改表数据，而不是从表中物理删除数据。

1. 拦截器接口

添加软删除，创建时间以及更新时间接口：

```
public interface ISoftDelete
{
    /// <summary>
    /// 是否删除
    /// </summary>
    public bool IsDeleted{ get; set; }
}
    public interface IHasUpdateTime
{
    /// <summary>
    /// 最近修改时间
    /// </summary>
```

```
DateTimeOffsetUpdateTime { get; set; }
}
public interface IHasCreationTime
{
    /// <summary>
    /// 创建时间
    /// </summary>
    DateTimeOffsetCreationTime{ get; set; }
}
```

2. 实现 WheelEFCoreInterceptor

实现 WheelEFCoreInterceptor，继承 SaveChangesInterceptor，当调用 SaveChanges 方法时，就会执行拦截器的逻辑操作。

```
namespace Wheel.EntityFrameworkCore
{
    /// <summary>
    /// EF 拦截器
    /// </summary>
    public sealed class WheelEFCoreInterceptor : SaveChangesInterceptor
    {
        public override InterceptionResult<int>SavingChanges(DbContextEventDataeventData,
InterceptionResult<int> result)
        {
OnSavingChanges(eventData);
            return base.SavingChanges(eventData, result);
        }

        public static void OnSavingChanges(DbContextEventDataeventData)
        {
ArgumentNullException.ThrowIfNull(eventData.Context);
eventData.Context.ChangeTracker.DetectChanges();
            foreach (var entityEntry in eventData.Context.ChangeTracker.Entries())
            {
                if (entityEntry is { State: EntityState.Deleted, Entity:
ISoftDeletesoftDeleteEntity })
                {
softDeleteEntity.IsDeleted = true;
entityEntry.State = EntityState.Modified;
                }
                if (entityEntry is { State: EntityState.Modified, Entity:
IHasUpdateTimehasUpdateTimeEntity })
                {
```

```
hasUpdateTimeEntity.UpdateTime = DateTimeOffset.Now;
                }
                if (entityEntry is { State: EntityState.Added, Entity:
IHasCreationTimehasCreationTimeEntity })
                {
hasCreationTimeEntity.CreationTime = DateTimeOffset.Now;
                }
            }
        }
    }
}
```

在 AddDbContext 中添加拦截器：

```
builder.Services.AddDbContext<WheelDbContext>(options =>
options.UseSqlite(connectionString)
        .AddInterceptors(new WheelEFCoreInterceptor())
        .UseLazyLoadingProxies()
);
```

这样就完成 ORM 的集成了。

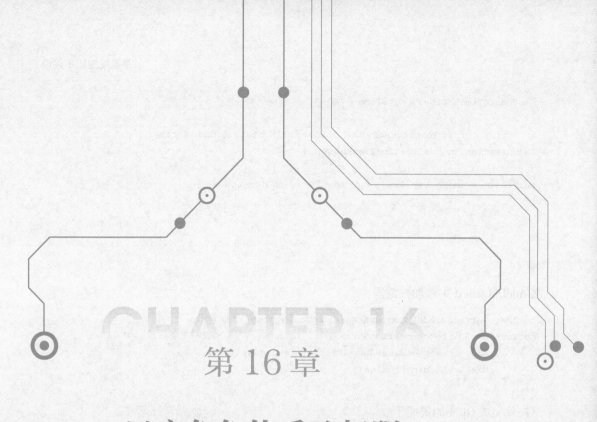

第 16 章

用户角色体系及权限

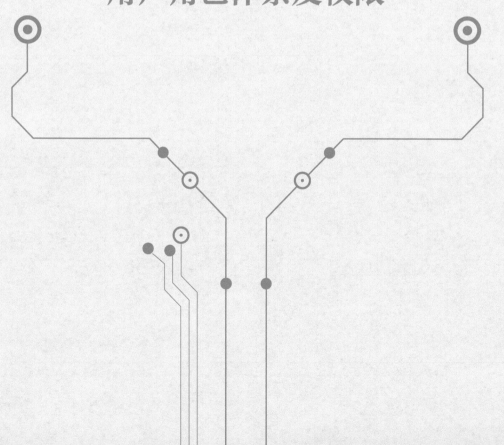

用户角色体系和权限在应用框架中也是非常重要的一环，接下来本章将学习如何逐步搭建自己的用户角色体系及权限。

16.1 集成 ASP.NET Core Identity

在 ASP.NET Core 中原生 Identity 可以快速完成这个功能的开发。在.NET8 中，ASP.NET Core Identity 支持了 WebApi 的注册登录。

▶▶ 16.1.1 安装包

首先需要安装 Microsoft.AspNetCore.Identity.EntityFrameworkCore 包来创建数据库结构。

▶▶ 16.1.2 创建实体

在 ASP.NET Core Identity 中默认包含了 IdentityUser、IdentityRole、IdentityRoleClaim、IdentityUserClaim、IdentityUserLogin、IdentityUserRole、IdentityUserToken 这几个基类，可以直接使用这些，也可以通过继承来灵活扩展表结构。当然，可以按照约定不使用继承的方式，也可以创建类添加必要的属性字段。

这里选择把所有的类继承一遍，方便以后扩展。

```
namespace Wheel.Domain.Identity
{
    public class User : IdentityUser, IEntity<string>
    {
        public virtual DateTimeOffsetCreationTime { get; set; }
        public virtual ICollection<UserClaim> Claims { get; set; }
        public virtual ICollection<UserLogin> Logins { get; set; }
        public virtual ICollection<UserToken> Tokens { get; set; }
        public virtual ICollection<UserRole>? UserRoles{ get; set; }
    }
}
namespace Wheel.Domain.Identity
{
    public class Role : IdentityRole, IEntity<string>
    {
        /// <summary>
        /// 角色类型,0管理台角色,1客户端角色
        /// </summary>
        public RoleTypeRoleType { get; set; }
        public Role(string roleName, RoleTyperoleType) : base (roleName)
```

```
        {
RoleType = roleType;
        }
        public Role(string roleName) : base (roleName)
        {
        }
        public Role() : base ()
        {
        }
        public virtual ICollection<UserRole>UserRoles { get; set; }
        public virtual ICollection<RoleClaim>RoleClaims { get; set; }
    }
}
```

这里主要展示一下 User 和 Role，其他可自行查看代码仓库。

▶▶ 16. 1. 3　修改 DbContext 与配置表结构

在 WheelDbContext 继承 IdentityDbContext，IdentityDbContext 支持传入泛型 User、Role 类型。

```
namespace Wheel.EntityFrameworkCore
{
    public class WheelDbContext :IdentityDbContext<User, Role, string,
UserClaim, UserRole, UserLogin, RoleClaim, UserToken>
    {
        private StoreOptions? GetStoreOptions()
=>this.GetService<IDbContextOptions>()
                        .Extensions.OfType<CoreOptionsExtension>()
                        .FirstOrDefault()?.ApplicationServiceProvider
                        ?.GetService<IOptions<IdentityOptions>>()
                        ?.Value?.Stores;
        public WheelDbContext(DbContextOptions<WheelDbContext> options) : base(options)
        {
        }
        protected override void OnModelCreating(ModelBuilder builder)
        {
base.OnModelCreating(builder);
ConfigureIdentity(builder);
        }
        void ConfigureIdentity(ModelBuilder builder)
        {
            var storeOptions = GetStoreOptions();
            var maxKeyLength = storeOptions?.MaxLengthForKeys ?? 0;
builder.Entity<User>(b =>
```

```
            {
b.HasKey(u =>u.Id);
b.HasIndex(u => u.NormalizedUserName).HasDatabaseName("UserNameIndex").IsUnique();
b.HasIndex(u =>u.NormalizedEmail).HasDatabaseName("EmailIndex");
b.ToTable("Users");
b.Property(u =>u.ConcurrencyStamp).IsConcurrencyToken();
b.Property(u =>u.Id).HasMaxLength(36);
b.Property(u =>u.UserName).HasMaxLength(256);
b.Property(u =>u.NormalizedUserName).HasMaxLength(256);
b.Property(u =>u.Email).HasMaxLength(256);
b.Property(u =>u.NormalizedEmail).HasMaxLength(256);
b.Property(u =>u.CreationTime).HasDefaultValue(DateTimeOffset.Now);
b.HasMany(e =>e.Claims)
                .WithOne(e =>e.User)
                .HasForeignKey(uc =>uc.UserId)
                .IsRequired();
b.HasMany(e =>e.Logins)
                .WithOne(e =>e.User)
                .HasForeignKey(ul =>ul.UserId)
                .IsRequired();
b.HasMany(e =>e.Tokens)
                .WithOne(e =>e.User)
                .HasForeignKey(ut =>ut.UserId)
                .IsRequired();
b.HasMany(e =>e.UserRoles)
                .WithOne(e =>e.User)
                .HasForeignKey(ur =>ur.UserId)
                .IsRequired();
            });
builder.Entity<UserClaim>(b =>
            {
b.HasKey(uc =>uc.Id);
b.ToTable("UserClaims");
            });
builder.Entity<UserLogin>(b =>
            {
b.HasKey(l => new { l.LoginProvider, l.ProviderKey });
                if (maxKeyLength> 0)
                {
b.Property(l =>l.LoginProvider).HasMaxLength(maxKeyLength);
b.Property(l =>l.ProviderKey).HasMaxLength(maxKeyLength);
                }
b.ToTable("UserLogins");
            });
```

```
builder.Entity<UserToken>(b =>
        {
b.HasKey(t => new { t.UserId, t.LoginProvider, t.Name });
            if (maxKeyLength> 0)
            {
b.Property(t =>t.LoginProvider).HasMaxLength(maxKeyLength);
b.Property(t =>t.Name).HasMaxLength(maxKeyLength);
            }
b.ToTable("UserTokens");
        });
builder.Entity<Role>(b =>
        {
b.HasKey(r =>r.Id);
b.HasIndex(r =>r.NormalizedName).HasDatabaseName("RoleNameIndex").IsUnique();
b.ToTable("Roles");
b.Property(u =>u.Id).HasMaxLength(36);
b.Property(r =>r.ConcurrencyStamp).IsConcurrencyToken();
b.Property(u =>u.Name).HasMaxLength(256);
b.Property(u =>u.NormalizedName).HasMaxLength(256);
b.HasMany(e =>e.UserRoles)
                .WithOne(e =>e.Role)
                .HasForeignKey(ur =>ur.RoleId)
                .IsRequired();
b.HasMany(e =>e.RoleClaims)
                .WithOne(e =>e.Role)
                .HasForeignKey(rc =>rc.RoleId)
                .IsRequired();
        });
builder.Entity<RoleClaim>(b =>
        {
b.HasKey(rc =>rc.Id);
b.ToTable("RoleClaims");
        });
builder.Entity<UserRole>(b =>
        {
b.HasKey(r => new { r.UserId, r.RoleId });
b.ToTable("UserRoles");
        });
    }
  }
}
```

▶▶ 16. 1. 4 **执行数据库迁移命令**

接下来使用 VS 的程序包管理器控制台。

使用命令创建和执行迁移文件：

```
Add-Migration Init
Update-Database
```

这里也可以使用 Dotnet EF 命令：

```
dotnet ef migrations add Init
dotnet ef database update
```

执行完命令后，连接数据库即可看到图 16-1 被成功创建。

● 图 16-1

▶▶ 16. 1. 5　配置 Identity

在 Program 中添加下面的代码：

```
builder.Services.AddIdentityCore<User>()
                .AddRoles<Role>()
                .AddEntityFrameworkStores<WheelDbContext>()
                .AddApiEndpoints();
```

这里指定了 Identity 用户类型以及角色类型，并且指定 EF 操作的 DbContext。
AddApiEndpoints 则是注入 WebApi 所需的服务，按<F12>键可以看到里面的配置。

```
/// <summary>
/// Adds configuration and services needed to support <see
cref="IdentityApiEndpointRouteBuilderExtensions.MapIdentityApi{TUser}
(IEndpointRouteBuilder)"/>
/// but does not configure authentication. Call <see
cref="BearerTokenExtensions.AddBearerToken(AuthenticationBuilder,
Action{BearerTokenOptions}?)"/> and/or
/// <see
cref="IdentityCookieAuthenticationBuilderExtensions.AddIdentityCookies
(AuthenticationBuilder)"/> to configure authentication separately.
/// </summary>
```

```
/// <param name="builder">The <see cref="IdentityBuilder"/>.</param>
/// <returns>The <see cref="IdentityBuilder"/>.</returns>
public static IdentityBuilderAddApiEndpoints(this IdentityBuilder builder)
{
ArgumentNullException.ThrowIfNull(builder);

builder.AddSignInManager();
builder.AddDefaultTokenProviders();
builder.Services.TryAddTransient<IEmailSender, NoOpEmailSender>();
    builder.Services.TryAddEnumerable(ServiceDescriptor.Singleton<IConfigureOptions
<JsonOptions>, IdentityEndpointsJsonOptionsSetup>());
    return builder;
}
```

接下来就是配置 API 了，在中间件中添加 **MapIdentityApi**：

```
app.MapGroup("api/identity")
    .WithTags("Identity")
    .MapIdentityApi<User>();
```

这里需要注意的是，如果不先 **MapGroup**，则请求路径直接从/开始，**MapGroup**（"api/
identity"）则是指定从/api/identity 开始。**WithTags** 则是指定 Swagger 生成 API 的 **Tag** 显示名称。

通过图 16-2 和图 16-3 可以看到区别：

Wheel.WebApi.Host

POST	/register
POST	/login
POST	/refresh
GET	/confirmEmail
POST	/resendConfirmationEmail
POST	/forgotPassword
POST	/resetPassword
POST	/manage/2fa
GET	/manage/info
POST	/manage/info

● 图 16-2

• 图 16-3

直接调用 register 和 login 方法即可完成注册登录，如图 16-4 所示，可以看到我们成功拿到了 accessToken 以及 refreshToken。

• 图 16-4

使用 Post 加上 Token 请求/api/identity/manage/info，如图 16-5 所示，成功拿到用户信息。

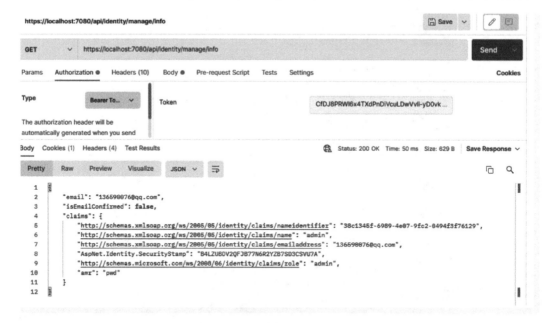

● 图 16-5

这样便完成 ASP.NET Core identity 对 WebApi 的集成了。

16.2 自定义授权策略

前面已经完成了用户角色这块内容，接下来就是授权策略。在 ASP.NET Core 中提供了自定义的授权策略方案，可以按照需求自定义权限过滤。

笔者的想法是，不需要在每个 Controller 或者 Action 打上 AuthorizeAttribute，自动根据 ControllerName 和 ActionName 匹配授权。只需要在 Controller 基类打上一个 AuthorizeAttribute，其他 Controller 除了需要匿名访问外，使用统一的 ControllerName 和 ActionName 匹配授权方案。

▶▶ 16.2.1 权限检查接口定义

首先需要一个 PermissionChecker 来检查当前操作是否有权限。只需要传入 ControllerName 和 ActionName 即可。至于实现，后续再写。

```
namespace Wheel.Authorization
{
    public interface IPermissionChecker
```

```
    {
        Task<bool> Check(string controller, string action);
    }
}
```

▶▶ 16.2.2 实现 AuthorizationHandler

接下来需要实现一个 PermissionAuthorizationHandler 和 PermissionAuthorizationRequirement，继承 AuthorizationHandler<TRequirement>抽象泛型类。

```
using Microsoft.AspNetCore.Authorization;

namespace Wheel.Authorization
{
    public class PermissionAuthorizationRequirement :
IAuthorizationRequirement
    {
        public PermissionAuthorizationRequirement()
        {
        }

    }
}
using Microsoft.AspNetCore.Authorization;
using Microsoft.AspNetCore.Mvc.Controllers;
using Wheel.DependencyInjection;
namespace Wheel.Authorization
{
    public class PermissionAuthorizationHandler :
AuthorizationHandler<PermissionAuthorizationRequirement>,
ITransientDependency
    {
        private readonlyIPermissionChecker _permissionChecker;
        public
PermissionAuthorizationHandler(IPermissionCheckerpermissionChecker)
        {
            _permissionChecker = permissionChecker;
        }
        protected override async Task
HandleRequirementAsync(AuthorizationHandlerContext context,
PermissionAuthorizationRequirement requirement)
        {
            if (context.Resource is HttpContexthttpContext)
```

```
            {
                var actionDescriptor =
httpContext.GetEndpoint()?.Metadata.GetMetadata<ControllerActionDescriptor>();
                var controllerName = actionDescriptor?.ControllerName;
                var actionName = actionDescriptor?.ActionName;
                if (await _permissionChecker.Check(controllerName,
actionName))
                {
context.Succeed(requirement);
                }
            }
        }
    }
}
```

在 PermissionAuthorizationHandler 中注入 IPermissionChecker。

然后通过重写 HandleRequirementAsync 进行授权策略的校验。

这里使用 HttpContext 获取请求的 ControllerName 和 ActionName，再使用 IPermissionChecker 进行检查，如果通过则放行，不通过则自动走 ASP.NET Core 的其他 AuthorizationHandler 流程，不需要调用 context.Fail 方法。

▶▶ 16. 2. 3　实现 AuthorizationPolicyProvider

这里除了 AuthorizationHandler，还需要实现一个 PermissionAuthorizationPolicyProvider，用于在匹配到自定义 Permission 的时候，就使用 PermissionAuthorizationHandler 做授权校验，否则不会生效。

```
using Microsoft.AspNetCore.Authorization;
using Microsoft.Extensions.Options;
using Wheel.DependencyInjection;

namespace Wheel.Authorization
{
    public class PermissionAuthorizationPolicyProvider :
DefaultAuthorizationPolicyProvider, ITransientDependency
    {
        public
PermissionAuthorizationPolicyProvider(IOptions<AuthorizationOptions>
options) : base(options)
        {
        }
        public override async Task<AuthorizationPolicy? >GetPolicyAsync(string
policyName)
```

```
    {
        var policy = await base.GetPolicyAsync(policyName);
        if (policy != null)
        {
            return policy;
        }
        if (policyName == "Permission")
        {
            var policyBuilder = new
AuthorizationPolicyBuilder(Array.Empty<string>());
policyBuilder.AddRequirements(new PermissionAuthorizationRequirement());
            return policyBuilder.Build();
        }
        return null;
    }
    }
}
```

很简单，只需要匹配到 policyName == "Permission" 时，添加一个 PermissionAuthorization-Requirement 即可。

▶▶ 16.2.4　实现权限检查接口

接下来实现 IPermissionChecker 的接口。

```
namespace Wheel.Permission
{
    public class PermissionChecker : IPermissionChecker, ITransientDependency
    {
        private readonlyICurrentUser _currentUser;
        private readonlyIDistributedCache _distributedCache;
        public PermissionChecker(ICurrentUsercurrentUser,
IDistributedCachedistributedCache)
        {
            _currentUser = currentUser;
            _distributedCache = distributedCache;
        }
        public async Task<bool> Check(string controller, string action)
        {
            if (_currentUser.IsInRoles("admin"))
                return true;
            foreach (var role in _currentUser.Roles)
            {
                var permissions = await
```

```
_distributedCache.GetAsync<List<string>>($"Permission:R:{role}");
            if (permissions is null)
                continue;
            if (permissions.Any(a => a == $"{controller}:{action}"))
                return true;
        }
        return false;
    }
  }
}
```

通过当前请求用户 ICurrentUser 以及分布式缓存 IDistributedCache 做权限判断，避免频繁查询数据库。

先判断用户角色是不是 admin，如果是 admin，则默认所有权限放行。否则根据缓存中的角色权限进行判断。如果通过则放行，否则拒绝访问。

▶▶ 16. 2. 5 创建抽象基类

创建 WheelControllerBase 抽象基类，添加［Authorize（"Permission"）］的特性头部，约定其余所有 Controller 继承这个控制器。

```
[Authorize("Permission")]
public abstract class WheelControllerBase :ControllerBase
{
}
```

接下来测试一个需要权限的 API。测试过程如图 16-6 到图 16-9 所示。

```
14    public override async Task<AuthorizationPolicy?> GetPolicyAsync(string policyName)
15    {
16        var policy = await base.GetPolicyAsync(policyName);
17        if (policy != null)
18        {
19            return policy;
20        }
21        if (policyName == "Permission")
22        {
23            var policyBuilder = new AuthorizationPolicyBuilder(Array.Empty<string>());
24            policyBuilder.AddRequirements(new PermissionAuthorizationRequirement());
25            return policyBuilder.Build();
26        }
27        return null;
28    }
```

● 图 16-6

通过 DEBUG 可以看到校验正常并响应 401。

这样就完成了自定义的授权策略配置。

```
17          protected override async Task HandleRequirementAsync(AuthorizationHandlerContext context, PermissionAuthorizationRequirement requir
18          {
19              if (context.Resource is HttpContext httpContext)
20              {
21                  var actionDescriptor = httpContext.GetEndpoint()?.Metadata.GetMetadata<ControllerActionDescriptor>();
22                  var controllerName = actionDescriptor?.ControllerName;
23                  var actionName = actionDescriptor?.ActionName;
24                  if (await _permissionChecker.Check(controllerName, actionName))  已用时间 <= 10ms
25                  {
26                      context.Succeed(requirement);
27                  }
28              }
29          }
30      }
31  }
32
```

```
08 %                    0   5                                                                行: 24  字符: 66  空格   CRLF
监视 1
查套(Ctrl+E)              搜索深度: 3
名称                          值                                                          类型
   controllerName           "Menu"                                              查看 ▾ string
   actionName               "GetList"                                           查看 ▾ string
```

• 图 16-7

```
21          public async Task<bool> Check(string controller, string action)
22          {
23              if (_currentUser.IsInRoles("admin"))
24                  return true;
25              foreach (var role in _currentUser.Roles)
26              {
27                  var permissions = await _distributedCache.GetAsync<List<string>>($"Permission:R:{role}");
28                  if (permissions is null)
29                      continue;
30                  if (permissions.Any(a => a == $"{controller}:{action}"))
31                      return true;
32              }
33              return false;  已用时间 <= 1ms
34          }
35      }
36  }
```

• 图 16-8

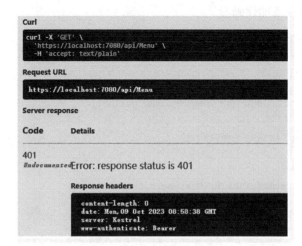

• 图 16-9

16.3　权限管理

上一节已经完成了自定义授权策略，那么接下来就得完善权限管理了。

▶▶ 16.3.1　表设计

创建表实体类：

```
namespace Wheel.Domain.Permissions
{
    public class PermissionGrant : Entity<Guid>
    {
        public string Permission { get; set; }
        public string GrantType { get; set; }
        public string GrantValue { get; set; }
    }
}
```

Permission 表示权限名称，结构为"｛controllerName｝:｛actionName｝"。

GrantType 表示权限类型，如角色权限用 R 表示，方便后续在新增别的权限类型时可以灵活扩展。

GrantValue 则表示权限类型对应的值，比如 GrantType 是 R 时，GrantValue 是 admin 则表示 admin 角色的授权。

▶▶ 16.3.2　修改 DbContext 与配置表结构

在 WheelDbContext 中添加代码：

```
#region Permission
public DbSet<PermissionGrant>PermissionGrants{ get; set; }
#endregion

void ConfigurePermissionGrants(ModelBuilder builder)
{
builder.Entity<PermissionGrant>(b =>
    {
b.HasKey(o =>o.Id);
b.Property(o =>o.Permission).HasMaxLength(128);
b.Property(o =>o.GrantValue).HasMaxLength(128);
b.Property(o =>o.GrantType).HasMaxLength(32);
    });
}
```

在 OnModelCreating 中添加 ConfigurePermissionGrants 方法。

```
protected override void OnModelCreating(ModelBuilder builder)
{
base.OnModelCreating(builder);

ConfigurePermissionGrants(builder);
}
```

接下来执行数据库迁移命令即可完成表创建。

▶▶ 16.3.3 实现权限管理

接下来实现权限管理功能。

PermissionManageAppService 只需定义三个 API 即可满足管理需求。分别是获取当前用户所有权限、修改用户权限、获取指定角色权限。

```
namespace Wheel.Services.PermissionManage
{
    public interface IPermissionManageAppService : ITransientDependency
    {
        Task<R<List<GetAllPermissionDto>>>GetPermission();
        Task<R>UpdatePermission(UpdatePermissionDtodto);
        Task<R<List<GetAllPermissionDto>>>GetRolePermission(string RoleName);
    }
}
```

具体实现代码如下:

```
namespace Wheel.Services.PermissionManage
{
    public class PermissionManageAppService : WheelServiceBase,
IPermissionManageAppService
    {
        private readonlyIBasicRepository<PermissionGrant, Guid>
_permissionGrantRepository;
        private readonlyRoleManager<Role> _roleManager;
        private readonlyXmlCommentHelper _xmlCommentHelper;
        public PermissionManageAppService(XmlCommentHelperxmlCommentHelper,
IBasicRepository<PermissionGrant, Guid>permissionGrantRepository,
RoleManager<Role>roleManager)
        {
            _xmlCommentHelper = xmlCommentHelper;
            _permissionGrantRepository = permissionGrantRepository;
            _roleManager = roleManager;
        }
```

```csharp
        public async Task<R<List<GetAllPermissionDto>>>GetPermission()
        {
            var result = await GetAllDefinePermission();
            if (CurrentUser.IsInRoles("admin"))
            {
result.ForEach(p =>p.Permissions.ForEach(a =>a.IsGranted = true));
            }
            else
            {
                var grantPermissions = (await _permissionGrantRepository
                    .SelectListAsync(a =>a.GrantType == "R"
&&CurrentUser.Roles.Contains(a.GrantValue), a =>a.Permission))
                    .Distinct().ToList();
                foreach (var group in result)
                {
                    foreach (var permission in group.Permissions)
                    {
                        if (grantPermissions.Any(b => b ==
$"{group.Group}:{permission.Name}"))
permission.IsGranted = true;
                        else
permission.IsGranted = false;
                    }
                }
            }
            return new R<List<GetAllPermissionDto>>(result);
        }
        public async
Task<R<List<GetAllPermissionDto>>>GetRolePermission(string RoleName)
        {
            var result = await GetAllDefinePermission();
            var grantPermissions = (await _permissionGrantRepository
                .SelectListAsync(a =>a.GrantType == "R" &&RoleName ==
a.GrantValue, a =>a.Permission))
                .Distinct().ToList();
            foreach (var group in result)
            {
                foreach (var permission in group.Permissions)
                {
                    if (grantPermissions.Any(b => b ==
$"{group.Group}:{permission.Name}"))
permission.IsGranted = true;
                    else
permission.IsGranted = false;
```

```
                    }
                }
                return new R<List<GetAllPermissionDto>>(result);
            }
        public async Task<R>UpdatePermission(UpdatePermissionDtodto)
        {
            if(dto.Type == "R")
            {
                var exsit = await _roleManager.RoleExistsAsync(dto.Value);
                if (!exsit)
                    throw new BusinessException(ErrorCode.RoleNotExist, "RoleNotExist")
                        .WithMessageDataData(dto.Value);
            }
            using (var tran = await UnitOfWork.BeginTransactionAsync())
            {
                await _permissionGrantRepository.DeleteAsync(a =>a.GrantType
== dto.Type&&a.GrantValue == dto.Value);
                await
_permissionGrantRepository.InsertManyAsync(dto.Permissions.Select(a=> new
PermissionGrant
                {
                    Id = GuidGenerator.Create(),
GrantType = dto.Type,
GrantValue = dto.Value,
                    Permission = a
                }).ToList());
                await
DistributedCache.SetAsync($"Permission:{dto.Type}:{dto.Value}",
dto.Permissions);
                await tran.CommitAsync();
            }
            return new R();
        }
        private ValueTask<List<GetAllPermissionDto>>GetAllDefinePermission()
        {
            var result =
MemoryCache.Get<List<GetAllPermissionDto>>("AllDefinePermission");
            if (result == null)
            {
                result = new List<GetAllPermissionDto>();
                var apiDescriptionGroupCollectionProvider =
ServiceProvider.GetRequiredService<IApiDescriptionGroupCollectionProvider>();
                var apiDescriptionGroups =
apiDescriptionGroupCollectionProvider.ApiDescriptionGroups.Items.SelectMany(group =>
group.Items)
```

```
                .Where(a =>a.ActionDescriptor is
ControllerActionDescriptor)
                .GroupBy(a => (a.ActionDescriptor as
ControllerActionDescriptor).ControllerTypeInfo);

            foreach (var apiDescriptions in apiDescriptionGroups)
            {
                var permissionGroup = new GetAllPermissionDto();
                var controllerTypeInfo = apiDescriptions.Key;

                var controllerAllowAnonymous =
controllerTypeInfo.GetAttribute<AllowAnonymousAttribute>();

                var controllerComment =
_xmlCommentHelper.GetTypeComment(controllerTypeInfo);

permissionGroup.Group = controllerTypeInfo.Name;
permissionGroup.Summary = controllerComment;
                foreach (var apiDescription in apiDescriptions)
                {
                    var method =
controllerTypeInfo.GetMethod(apiDescription.ActionDescriptor.RouteValues["action"]);
                    var actionAllowAnonymous =
method.GetAttribute<AllowAnonymousAttribute>();
                    var actionAuthorize =
method.GetAttribute<AuthorizeAttribute>();
                    if ((controllerAllowAnonymous == null
&&actionAllowAnonymous == null) ||actionAuthorize != null)
                    {
                        var methodComment =
_xmlCommentHelper.GetMethodComment(method);
permissionGroup.Permissions.Add(new PermissionDto { Name = method.Name, Summary
= methodComment });
                    }
                }
                if (permissionGroup.Permissions.Count> 0)
result.Add(permissionGroup);
            }
MemoryCache.Set("AllDefinePermission", result);
        }
        return ValueTask.FromResult(result);
    }
  }
}
```

控制器代码如下：

```
namespace Wheel.Controllers
{
    /// <summary>
    /// 权限管理
    /// </summary>
    [Route("api/[controller]")]
    [ApiController]
    public class PermissionManageController : WheelControllerBase
    {
        private readonlyIPermissionManageAppService
_permissionManageAppService;
        public
PermissionManageController(IPermissionManageAppServicepermissionManageAppService)
        {
            _permissionManageAppService = permissionManageAppService;
        }
        /// <summary>
        /// 获取所有权限
        /// </summary>
        /// <returns></returns>
        [HttpGet()]
        public Task<R<List<GetAllPermissionDto>>>GetPermission()
        {
            return _permissionManageAppService.GetPermission();
        }
        /// <summary>
        /// 获取指定角色权限
        /// </summary>
        /// <returns></returns>
        [HttpGet("{role}")]
        public Task<R<List<GetAllPermissionDto>>>GetRolePermission(string role)
        {
            return _permissionManageAppService.GetRolePermission(role);
        }
        /// <summary>
        /// 修改权限
        /// </summary>
        /// <param name="dto"></param>
        /// <returns></returns>
        [HttpPut]
        public async Task<R>UpdatePermission(UpdatePermissionDtodto)
        {
            return await _permissionManageAppService.UpdatePermission(dto);
        }
    }
}
```

通过读取 XML 注释文件，自动生成 Controller 和 Action 的注释名称。

将权限配置信息写入缓存，提供给 PermissionChecker 使用。

权限返回的结构如下：

```
namespace Wheel.Services.PermissionManage.Dtos
{
    public class GetAllPermissionDto
    {
        public string Group { get; set; }
        public string Summary { get; set; }
        public List<PermissionDto> Permissions { get; set; } = new ();

    }
    public class PermissionDto
    {
        public string Name { get; set; }
        public string Summary { get; set; }
        public bool IsGranted { get; set; }

    }
}
```

▶▶ 16.3.4　测试 API

使用 Postman 测试 API，图 16-10 可以看到获取了权限信息列表，按照 Controller 分组，细分到每一个 Action，summary 是 XML 注释的内容。

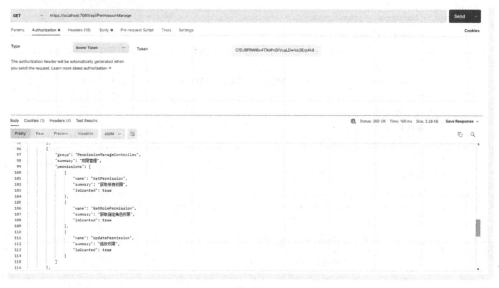

● 图 16-10

到这就完成了权限管理的 API。

16.4 角色用户管理

在 ASP.NET Core Identity 中已经有 RoleManager 和 UserManager，只需要封装一下 API 操作 Role 和 User 即可完成角色用户管理相关功能，这里 API 打算只提供分页查询、创建以及删除，不提供修改 API。

▶▶ 16.4.1 实现 RoleManageAppService

IRoleManageAppService 如下：

```
namespace Wheel.Services.Roles
{
    public interface IRoleManageAppService : ITransientDependency
    {
        Task<Page<RoleDto>>GetRolePageList(PageRequestpageRequest);
        Task<R>CreateRole(CreateRoleDtodto);
        Task<R>DeleteRole(string roleName);
    }
}
```

RoleManageAppService 如下：

```
namespace Wheel.Services.Roles
{
    public class RoleManageAppService : WheelServiceBase, IRoleManageAppService
    {
        private readonlyRoleManager<Role> _roleManager;
        private readonlyIBasicRepository<Role, string> _roleRepository;

        public RoleManageAppService(RoleManager<Role>roleManager,
IBasicRepository<Role, string>roleRepository)
        {
            _roleManager = roleManager;
            _roleRepository = roleRepository;
        }
        public async
Task<Page<RoleDto>>GetRolePageList(PageRequestpageRequest)
        {
            var (items, total) = await _roleRepository.SelectPageListAsync(
                a => true,
                a => new RoleDto { Id = a.Id, Name = a.Name },
```

```
                    (pageRequest.PageIndex - 1) * pageRequest.PageSize,
pageRequest.PageSize,
pageRequest.OrderBy
                );
        return new Page<RoleDto>(items, total);
    }


    public async Task<R>CreateRole(CreateRoleDtodto)
    {
        var exist = await _roleManager.RoleExistsAsync(dto.Name);
        if (exist)
        {
            throw new BusinessException(ErrorCode.RoleExist, "RoleExist");
        }
        var result = await _roleManager.CreateAsync(new Role(dto.Name,
dto.RoleType));
        if(result.Succeeded)
        {
            return new R();
        }
        else
        {
            throw new BusinessException(ErrorCode.CreateRoleError,
string.Join("\r\n", result.Errors.Select(a =>a.Description)));
        }
    }


    public async Task<R>DeleteRole(string roleName)
    {
        var exist = await _roleManager.RoleExistsAsync(roleName);
        if (exist)
        {
            var role = await _roleManager.FindByNameAsync(roleName);
            await _roleManager.DeleteAsync(role);
        }
        else
        {
            throw new BusinessException(ErrorCode.RoleNotExist,
"RoleNotExist");
        }
        return new R();
    }
  }
}
```

▶▶ 16. 4. 2 实现 RoleManageController

实现代码如下：

```
namespace Wheel.Controllers
{
    /// <summary>
    /// 角色管理
    /// </summary>
    [Route("api/[controller]")]
    [ApiController]
    public class RoleManageController : WheelControllerBase
    {
        private readonlyIRoleManageAppService _roleManageAppService;
        public
RoleManageController(IRoleManageAppServiceroleManageAppService)
        {
            _roleManageAppService = roleManageAppService;
        }
        /// <summary>
        /// 创建角色
        /// </summary>
        /// <param name="dto"></param>
        /// <returns></returns>
        [HttpPost]
        public async Task<R>CreateRole(CreateRoleDtodto)
        {
            return await _roleManageAppService.CreateRole(dto);
        }
        /// <summary>
        /// 删除角色
        /// </summary>
        /// <param name="roleName"></param>
        /// <returns></returns>
        [HttpDelete]
        public async Task<R>DeleteRole(string roleName)
        {
            return await _roleManageAppService.DeleteRole(roleName);
        }
        /// <summary>
        /// 角色分页查询
        /// </summary>
        /// <param name="pageRequest"></param>
```

```
        /// <returns></returns>
        [HttpGet("Page")]
        public async
Task<Page<RoleDto>>GetRolePageList([FromQuery]PageRequestpageRequest)
        {
            return await _roleManageAppService.GetRolePageList(pageRequest);
        }
    }
}
```

非常简单就实现了一个角色管理的 API。

▶▶ 16.4.3 实现 UserManageAppService

IUserManageAppService 实现代码如下：

```
namespace Wheel.Services.Users
{
    public interface IUserManageAppService : ITransientDependency
    {
        Task<Page<UserDto>>GetUserPageList(UserPageRequestpageRequest);
        Task<R>CreateUser(CreateUserDtouserDto);
        Task<R>UpdateUser(string userId, UpdateUserDtoupdateUserDto);
    }
}
```

UserManageAppService 实现代码如下：

```
namespace Wheel.Services.Users
{
    public class UserManageAppService : WheelServiceBase, IUserManageAppService
    {
        private readonlyIBasicRepository<User, string> _userRepository;
        private readonlyUserManager<User> _userManager;
        private readonlyIUserStore<User> _userStore;
        public UserManageAppService(IBasicRepository<User,
string>userRepository, UserManager<User>userManager,
IUserStore<User>userStore)
        {
            _userRepository = userRepository;
            _userManager = userManager;
            _userStore = userStore;
        }
        public async
Task<Page<UserDto>>GetUserPageList(UserPageRequestpageRequest)
```

```
        {
            var (items, total) = await _userRepository.SelectPageListAsync(
                _userRepository.BuildPredicate(
                    (!string.IsNullOrWhiteSpace(pageRequest.UserName), u
=>u.UserName.Contains(pageRequest.UserName)),
                    (!string.IsNullOrWhiteSpace(pageRequest.Email), u
=>u.Email.Contains(pageRequest.Email)),
                    (!string.IsNullOrWhiteSpace(pageRequest.PhoneNumber), u
=>u.PhoneNumber.Contains(pageRequest.PhoneNumber)),
                    (pageRequest.EmailConfirmed.HasValue, u
=>u.EmailConfirmed.Equals(pageRequest.EmailConfirmed)),
                    (pageRequest.PhoneNumberConfirmed.HasValue, u
=>u.PhoneNumberConfirmed.Equals(pageRequest.PhoneNumberConfirmed))
                    ),
                o => new UserDto
                {
UserName = o.UserName,
                    Email = o.Email,
PhoneNumber = o.PhoneNumber,
EmailConfirmed = o.EmailConfirmed,
PhoneNumberConfirmed = o.PhoneNumberConfirmed,
CreationTime = o.CreationTime
                },
                (pageRequest.PageIndex - 1) * pageRequest.PageSize,
pageRequest.PageSize,
pageRequest.OrderBy
                );
            return new Page<UserDto>(items, total);
        }
        public async Task<R>CreateUser(CreateUserDtouserDto)
        {
            var user = new User();
            await _userManager.SetUserNameAsync(user, userDto.UserName);
            if (userDto.Email != null)
            {
                var emailStore = (IUserEmailStore<User>)_userStore;
                await emailStore.SetEmailAsync(user, userDto.Email, default);
            }

            var result = await _userManager.CreateAsync(user, userDto.Password);
            if (result.Succeeded)
            {
                if (userDto.Roles.Count> 0)
                {
```

```
                    await _userManager.AddToRolesAsync(user, userDto.Roles);
                    await _userManager.UpdateAsync(user);
                }
                return new R();
            }
            else
                throw new BusinessException(ErrorCode.CreateUserError,
string.Join("\r\n", result.Errors.Select(a =>a.Description)));
        }
        public async Task<R>UpdateUser(string userId,
UpdateUserDtoupdateUserDto)
        {
            var user = await _userManager.FindByIdAsync(userId);
            if (user == null)
            {
                throw new BusinessException(ErrorCode.UserNotExist,
L["UserNotExist"]);
            }
            if (updateUserDto.Email != null)
            {
                var emailStore = (IUserEmailStore<User>)_userStore;
                await emailStore.SetEmailAsync(user, updateUserDto.Email, default);
            }
            if (updateUserDto.PhoneNumber != null)
            {
                await _userManager.SetPhoneNumberAsync(user, updateUserDto.PhoneNumber);
            }
            if (updateUserDto.Roles.Count> 0)
            {
                var existRoles = await _userManager.GetRolesAsync(user);
                await _userManager.RemoveFromRolesAsync(user, existRoles);
                await _userManager.AddToRolesAsync(user, updateUserDto.Roles);
            }
            await _userManager.UpdateAsync(user);
            return new R();
        }
    }
}
```

▶▶ 16.4.4 实现 UserManageController

实现代码如下：

```
namespace Wheel.Controllers
{
```

```csharp
/// <summary>
/// 用户管理
/// </summary>
[Route("api/[controller]")]
[ApiController]
public class UserManageController : WheelControllerBase
{
    private readonly IUserManageAppService _userManageAppService;
    public
UserManageController(IUserManageAppService userManageAppService)
    {
        _userManageAppService = userManageAppService;
    }
    /// <summary>
    /// 创建用户
    /// </summary>
    /// <param name="userDto"></param>
    /// <returns></returns>
    [HttpPost]
    public Task<R>CreateUser(CreateUserDtouserDto)
    {
        return _userManageAppService.CreateUser(userDto);
    }
    /// <summary>
    /// 用户分页查询
    /// </summary>
    /// <param name="pageRequest"></param>
    /// <returns></returns>
    [HttpGet]
    public
Task<Page<UserDto>>GetUserPageList([FromQuery]UserPageRequestpageRequest)
    {
        return _userManageAppService.GetUserPageList(pageRequest);
    }
    /// <summary>
    /// 修改用户
    /// </summary>
    /// <returns></returns>
    [HttpPut("{userId}")]
    public Task<R>UpdateUser(string userId, UpdateUserDtoupdateUserDto)
    {
        return _userManageAppService.UpdateUser(userId, updateUserDto);
    }
}
}
```

非常简单就实现了一个用户管理的 API。

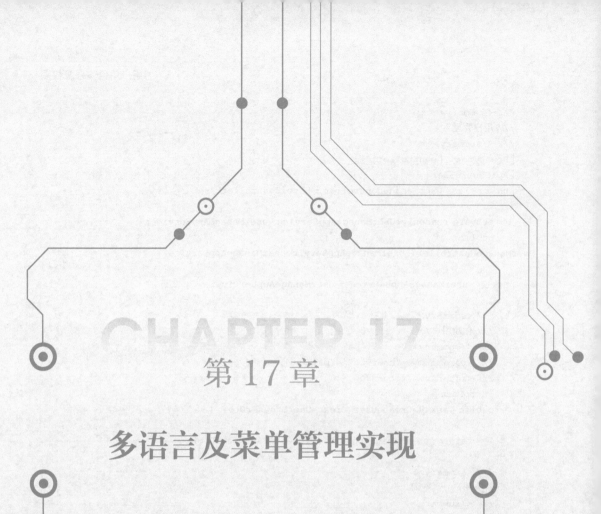

第 17 章

多语言及菜单管理实现

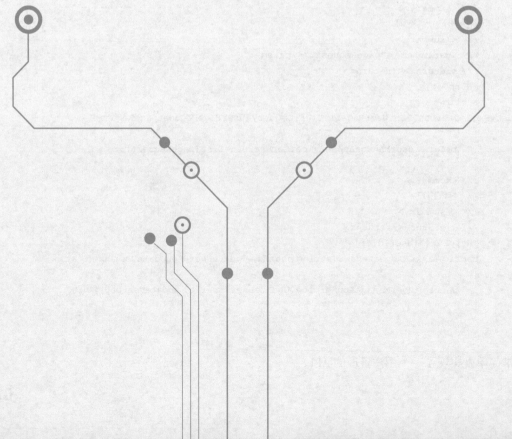

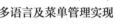

本章将学习多语言管理的实现以及菜单管理的实现。

17.1 多语言管理

多语言也是经常能用到的东西，ASP.NET Core 中默认支持了多语言，可以使用 .resx 资源文件来管理多语言配置。

但是在修改资源文件后，应用服务无法及时更新。可以通过扩展 IStringLocalizer，实现想要的多语言配置方式，比如 Json 配置、PO 文件配置、EF 数据库配置等。

这里选用数据库配置的方式，直接查询数据库的多语言配置进行转换。

▶▶ 17.1.1 创建表实体

多语言管理只需要两个表结构，一个是多语言国家表，一个是多语言资源表。两者是一对多关系。

```
namespace Wheel.Domain.Localization
{
    public class LocalizationCulture : IEntity<int>
    {
        public int Id { get; set; }
        public string Name { get; set; }
        public virtual List<LocalizationResource> Resources { get; set; }
    }
}

namespace Wheel.Domain.Localization
{
    public class LocalizationResource : IEntity<int>
    {
        public int Id { get; set; }
        public string Key { get; set; }
        public string Value { get; set; }
        public virtual int CultureId { get; set; }
        public virtual LocalizationCulture Culture { get; set; }
    }
}
```

▶▶ 17.1.2 修改 DbContext 与配置表结构

添加 DbSet 和配置表结构：

```
#region Localization
public DbSet<LocalizationCulture> Cultures { get; set; }
public DbSet<LocalizationResource> Resources { get; set; }
#endregion

protected override void OnModelCreating(ModelBuilder builder)
{
base.OnModelCreating(builder);
ConfigureIdentity(builder);
ConfigureLocalization(builder);
ConfigurePermissionGrants(builder);
}
void ConfigureLocalization(ModelBuilder builder)
{
builder.Entity<LocalizationCulture>(b =>
    {
b.Property(a =>a.Id).ValueGeneratedOnAdd();
b.ToTable("LocalizationCulture");
b.Property(a =>a.Name).HasMaxLength(32);
b.HasMany(a =>a.Resources);
    });
builder.Entity<LocalizationResource>(b =>
    {
b.Property(a =>a.Id).ValueGeneratedOnAdd();
b.ToTable("LocalizationResource");
b.HasOne(a =>a.Culture);
b.HasIndex(a =>a.CultureId);
b.Property(a =>a.Key).HasMaxLength(256);
b.Property(a =>a.Value).HasMaxLength(1024);
    });
}
```

然后进行数据库迁移即可生成数据库表结构。

▶▶ 17.1.3 实现 EF 多语言

这里需要实现一下 **EFStringLocalizerFactory** 和 **EFStringLocalizer**，使用 **EFStringLocalizerFactory** 来创建 **EFStringLocalizer**。

```
namespace Wheel.Localization
{
    public class EFStringLocalizerFactory : IStringLocalizerFactory,
ISingletonDependency
    {
```

```
IServiceProvider _serviceProvider;
        public EFStringLocalizerFactory(IServiceProviderserviceProvider)
        {
            _serviceProvider = serviceProvider;
        }
        public IStringLocalizer Create(Type resourceSource)
        {
            var scope = _serviceProvider.CreateScope();
            var db =
scope.ServiceProvider.GetRequiredService<WheelDbContext>();
            var cahce =
scope.ServiceProvider.GetRequiredService<IMemoryCache>();
            return new EFStringLocalizer(db, cahce);
        }
        public IStringLocalizer Create(string baseName, string location)
        {
            var scope = _serviceProvider.CreateScope();
            var db =
scope.ServiceProvider.GetRequiredService<WheelDbContext>();
            var cahce =
scope.ServiceProvider.GetRequiredService<IMemoryCache>();
            return new EFStringLocalizer(db, cahce);
        }
    }
}


namespace Wheel.Localization
{
    public class EFStringLocalizer : IStringLocalizer
    {
        private readonlyWheelDbContext _db;
        private readonlyIMemoryCache _memoryCache;
        public EFStringLocalizer(WheelDbContextdb, IMemoryCachememoryCache)
        {
            _db = db;
            _memoryCache = memoryCache;
        }
        public LocalizedString this[string name]
        {
            get
            {
                var value = GetString(name);
                return new LocalizedString(name, value ?? name,
resourceNotFound: value == null);
```

```
        }
    }
    public LocalizedString this[string name, params object[] arguments]
    {
        get
        {
            var format = GetString(name);
            var value = string.Format(format ?? name, arguments);
            return new LocalizedString(name, value, resourceNotFound:
format == null);
        }
    }
    public IStringLocalizerWithCulture(CultureInfo culture)
    {
CultureInfo.DefaultThreadCurrentCulture = culture;
        return new EFStringLocalizer(_db, _memoryCache);
    }
    public IEnumerable<LocalizedString>GetAllStrings(bool
includeAncestorCultures)
    {
        return _db.Resources
            .Include(r =>r.Culture)
            .Where(r =>r.Culture.Name == CultureInfo.CurrentCulture.Name)
            .Select(r => new LocalizedString(r.Key, r.Value, r.Value == null));
    }
    private string? GetString(string name)
    {
        if
(_memoryCache.TryGetValue<string>($"{CultureInfo.CurrentCulture.Name}:{name}",
out var value))
        {
            return value;
        }
        else
        {
            value = _db.Resources
            .Include(r =>r.Culture)
            .Where(r =>r.Culture.Name == CultureInfo.CurrentCulture.Name)
            .FirstOrDefault(r =>r.Key == name)?.Value;
            if (!string.IsNullOrWhiteSpace(value))
            {

_memoryCache.Set($"{CultureInfo.CurrentCulture.Name}:{name}", value,
TimeSpan.FromMinutes(1));
```

```
            }
            return value;
        }
    }
}
public class EFStringLocalizer<T> : IStringLocalizer<T>
{
    private readonlyWheelDbContext _db;
    private readonlyIMemoryCache _memoryCache;
    public EFStringLocalizer(WheelDbContextdb, IMemoryCachememoryCache)
    {
        _db = db;
        _memoryCache = memoryCache;
    }
    public LocalizedString this[string name]
    {
        get
        {
            var value = GetString(name);
            return new LocalizedString(name, value ?? name,
resourceNotFound: value == null);
        }
    }
    public LocalizedString this[string name, params object[] arguments]
    {
        get
        {
            var format = GetString(name);
            var value = string.Format(format ?? name, arguments);
            return new LocalizedString(name, value, resourceNotFound: format == null);
        }
    }
    public IStringLocalizerWithCulture(CultureInfo culture)
    {
CultureInfo.DefaultThreadCurrentCulture = culture;
        return new EFStringLocalizer(_db, _memoryCache);
    }
    public IEnumerable<LocalizedString>GetAllStrings(bool
includeAncestorCultures)
    {
        return _db.Resources
            .Include(r =>r.Culture)
            .Where(r =>r.Culture.Name == CultureInfo.CurrentCulture.Name)
            .Select(r => new LocalizedString(r.Key, r.Value, true));
```

```
        }
        private string? GetString(string name)
        {
            if
(_memoryCache.TryGetValue<string>($"{CultureInfo.CurrentCulture.Name}:{name}",
out var value))
            {
                return value;
            }
            else
            {
                value = _db.Resources
                .Include(r =>r.Culture)
                .Where(r =>r.Culture.Name == CultureInfo.CurrentCulture.Name)
                .FirstOrDefault(r =>r.Key == name)?.Value;
                if (!string.IsNullOrWhiteSpace(value))
                {

_memoryCache.Set($"{CultureInfo.CurrentCulture.Name}:{name}", value,
TimeSpan.FromMinutes(1));
                }
                return value;
            }
        }
    }
}
```

这里的 GetString 方法，先通过缓存查询多语言内容，若查询不到再进入数据库查询，减少数据库的并发量。

多语言国家编码直接使用 CultureInfo.CurrentCulture.Name 获取，无须传参配置。

▶▶ 17.1.4 **启用多语言**

在 Program 中添加多语言代码：

```
builder.Services.AddLocalization(options =>options.ResourcesPath = "Resources");
app.UseRequestLocalization(new RequestLocalizationOptions
{
ApplyCurrentCultureToResponseHeaders = true,
DefaultRequestCulture = new RequestCulture("zh-CN"),
SupportedCultures = new List<CultureInfo>
            {
                new CultureInfo("en"),
                new CultureInfo("zh-CN"),
```

```
            },
SupportedUICultures = new List<CultureInfo>
            {
                new CultureInfo("en"),
                new CultureInfo("zh-CN"),
            }
});
```

这里配置默认语言是中文，同时支持英文和中文。

▶▶ 17.1.5 多语言管理 API 实现

接下来实现 LocalizationManage。

ILocalizationManageAppService 实现代码如下：

```
namespace Wheel.Services.LocalizationManage
{
    public interface ILocalizationManageAppService : ITransientDependency
    {
        Task<R<LocalizationCultureDto>>GetLocalizationCultureAsync(int id);

Task<Page<LocalizationCultureDto>>GetLocalizationCulturePageListAsync(PageRequest
input);

Task<R<LocalizationCultureDto>>CreateLocalizationCultureAsync
(CreateLocalizationCultureDto input);
        Task<R>DeleteLocalizationCultureAsync(int id);

Task<R<LocalizationResourceDto>>CreateLocalizationResourceAsync
(CreateLocalizationResourceDto input);
        Task<R>UpdateLocalizationResourceAsync(UpdateLocalizationResourceDto input);
        Task<R>DeleteLocalizationResourceAsync(int id);
    }
}
```

LocalizationManageAppService 实现代码如下：

```
namespace Wheel.Services.LocalizationManage
{
    /// <summary>
    /// 多语言管理
    /// </summary>
    public class LocalizationManageAppService : WheelServiceBase,
ILocalizationManageAppService
    {
```

```
        private readonlyIBasicRepository<LocalizationCulture, int>
_localizationCultureRepository;
        private readonlyIBasicRepository<LocalizationResource, int>
_localizationResourceRepository;
        public
LocalizationManageAppService(IBasicRepository<LocalizationCulture,
int>localizationCultureRepository, IBasicRepository<LocalizationResource,
int>localizationResourceRepository)
        {
            _localizationCultureRepository = localizationCultureRepository;
            _localizationResourceRepository = localizationResourceRepository;
        }
        /// <summary>
        /// 获取地区多语言详情
        /// </summary>
        /// <param name="id"></param>
        /// <returns></returns>
        public async
Task<R<LocalizationCultureDto>>GetLocalizationCultureAsync(int id)
        {
            var entity = await _localizationCultureRepository.FindAsync(id);
            return new
R<LocalizationCultureDto>(Mapper.Map<LocalizationCultureDto>(entity));
        }
        /// <summary>
        /// 分页获取地区多语言列表
        /// </summary>
        /// <param name="input"></param>
        /// <returns></returns>
        public async
Task<Page<LocalizationCultureDto>>GetLocalizationCulturePageListAsync(PageRequest input)
        {
            var (entities, total) = await _localizationCultureRepository
                .GetPageListAsync(a => true,
                (input.PageIndex - 1) * input.PageSize,
input.PageSize,
propertySelectors: a =>a.Resources
                );
            return new
Page<LocalizationCultureDto>(Mapper.Map<List<LocalizationCultureDto>>(entities), total);
        }
        /// <summary>
        /// 创建地区多语言
        /// </summary>
```

```
        /// <param name="input"></param>
        /// <returns></returns>
        public async
Task<R<LocalizationCultureDto>>CreateLocalizationCultureAsync
(CreateLocalizationCultureDto input)
        {
            var entity = Mapper.Map<LocalizationCulture>(input);
            entity = await _localizationCultureRepository.InsertAsync(entity);
            await UnitOfWork.SaveChangesAsync();
            return new
R<LocalizationCultureDto>(Mapper.Map<LocalizationCultureDto>(entity));
        }
        /// <summary>
        /// 删除地区多语言
        /// </summary>
        /// <param name="id"></param>
        /// <returns></returns>
        public async Task<R>DeleteLocalizationCultureAsync(int id)
        {
            await _localizationCultureRepository.DeleteAsync(id);
            await UnitOfWork.SaveChangesAsync();
            return new R();
        }
        /// <summary>
        /// 创建多语言资源
        /// </summary>
        /// <param name="input"></param>
        /// <returns></returns>
        public async
Task<R<LocalizationResourceDto>>CreateLocalizationResourceAsync
(CreateLocalizationResourceDto input)
        {
            var entity = Mapper.Map<LocalizationResource>(input);
            entity = await _localizationResourceRepository.InsertAsync(entity);
            await UnitOfWork.SaveChangesAsync();
            return new
R<LocalizationResourceDto>(Mapper.Map<LocalizationResourceDto>(entity));
        }
        /// <summary>
        /// 修改多语言资源
        /// </summary>
        /// <param name="input"></param>
        /// <returns></returns>
        public async
```

```
Task<R>UpdateLocalizationResourceAsync(UpdateLocalizationResourceDto input)
    {
        await _localizationResourceRepository.UpdateAsync(a =>a.Id == input.Id,
            a =>a.SetProperty(b =>b.Key, b =>input.Key).SetProperty(b =>b.Value, b =
>input.Value));
        await UnitOfWork.SaveChangesAsync();
        return new R();
    }
    /// <summary>
    /// 删除多语言资源
    /// </summary>
    /// <param name="id"></param>
    /// <returns></returns>
    public async Task<R>DeleteLocalizationResourceAsync(int id)
    {
        await _localizationResourceRepository.DeleteAsync(id);
        await UnitOfWork.SaveChangesAsync();
        return new R();
    }
    }
}
```

这里包含了多语言的 CURD 的实现。

LocalizationManageController 实现代码如下：

```
namespace Wheel.Controllers
{
    /// <summary>
    /// 多语言管理
    /// </summary>
    [Route("api/[controller]")]
    [ApiController]
    public class LocalizationManageController : WheelControllerBase
    {
        private readonlyILocalizationManageAppService
_localizationManageAppService;
        public
LocalizationManageController(ILocalizationManageAppServicelocalizationManageAppService)
        {
            _localizationManageAppService = localizationManageAppService;
        }
        /// <summary>
        /// 获取地区多语言详情
        /// </summary>
```

```
        /// <param name="id"></param>
        /// <returns></returns>
        [HttpGet("Culture/{id}")]
        public async Task<R<LocalizationCultureDto>>GetCulture(int id)
        {
            return await
_localizationManageAppService.GetLocalizationCultureAsync(id);
        }
        /// <summary>
        /// 创建地区多语言
        /// </summary>
        /// <param name="input"></param>
        /// <returns></returns>
        [HttpPost("Culture")]
        public async
Task<R<LocalizationCultureDto>>CreateCulture(CreateLocalizationCultureDto input)
        {
            return await
_localizationManageAppService.CreateLocalizationCultureAsync(input);
        }
        /// <summary>
        /// 删除地区多语言
        /// </summary>
        /// <param name="id"></param>
        /// <returns></returns>
        [HttpDelete("Culture/{id}")]
        public async Task<R>DeleteCulture(int id)
        {
            return await
_localizationManageAppService.DeleteLocalizationCultureAsync(id);
        }
        /// <summary>
        /// 分页获取地区多语言列表
        /// </summary>
        /// <param name="input"></param>
        /// <returns></returns>
        [HttpGet("Culture")]
        public async
Task<Page<LocalizationCultureDto>>GetCulturePageList([FromQuery]PageRequest input)
        {
            return await
_localizationManageAppService.GetLocalizationCulturePageListAsync(input);
        }
        /// <summary>
```

```
        /// 创建多语言资源
        /// </summary>
        /// <param name="input"></param>
        /// <returns></returns>
        [HttpPost("Resource")]
        public async
Task<R<LocalizationResourceDto>>CreateResource(CreateLocalizationResourceDto input)
        {
            return await
_localizationManageAppService.CreateLocalizationResourceAsync(input);
        }
        /// <summary>
        /// 修改多语言资源
        /// </summary>
        /// <param name="input"></param>
        /// <returns></returns>
        [HttpPut("Resource")]
        public async Task<R>UpdateResource(UpdateLocalizationResourceDto input)
        {
            return await
_localizationManageAppService.UpdateLocalizationResourceAsync(input);
        }
        /// <summary>
        /// 删除多语言资源
        /// </summary>
        /// <param name="id"></param>
        /// <returns></returns>
        [HttpDelete("Resource/{id}")]
        public async Task<R>DeleteResource(int id)
        {
            return await
_localizationManageAppService.DeleteLocalizationResourceAsync(id);
        }
        /// <summary>
        /// 获取多语言资源列表
        /// </summary>
        /// <returns></returns>
        [HttpGet("Resources")]
        [AllowAnonymous]
        public Task<R<Dictionary<string, string>>>GetResources()
        {
            var resources = L.GetAllStrings().ToDictionary(a=>a.Name, a=>a.Value);
```

```
        return Task.FromResult(new R<Dictionary<string, string>>(resources));
    }
  }
}
```

在控制器额外添加一个匿名访问的 API，GetResources（）用于客户端集成多语言配置。L 是
IStringLocalizer 实例。

启用服务测试一下，测试结果如图 17-1 和图 17-2 所示。

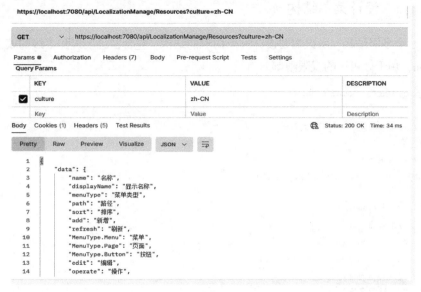

● 图 17-1

● 图 17-2

可以看到成功获取英文和中文的多语言列表。

这样就完成了多语言管理的实现。

17.2 菜单管理

接下来实现一个菜单管理，用于对接管理后台前端界面。

▶▶ 17.2.1 设计菜单结构

菜单是一个多级结构，所以需要设计一个树形的结构。包含自己上级和下级的属性，同时预留 Permission，用于做可选的权限限制。

```
namespace Wheel.Domain.Menus
{
    /// <summary>
    /// 菜单
    /// </summary>
    public class Menu : Entity<Guid>
    {
        /// <summary>
        /// 名称
        /// </summary>
        public string Name { get; set; }
        /// <summary>
        /// 显示名称
        /// </summary>
        public string DisplayName { get; set; }
        /// <summary>
        /// 菜单类型
        /// </summary>
        publicMenuTypeMenuType { get; set; }
        /// <summary>
        /// 菜单路径
        /// </summary>
        public string? Path { get; set; }
        /// <summary>
        /// 权限名称
        /// </summary>
        public string? Permission { get; set; }
        /// <summary>
        /// 图标
        /// </summary>
```

```
        public string? Icon { get; set; }
        /// <summary>
        /// 排序
        /// </summary>
        public int Sort { get; set; }
        /// <summary>
        /// 上级菜单 Id
        /// </summary>
        public virtual Guid? ParentId{ get; set; }
        /// <summary>
        /// 上级菜单
        /// </summary>
        public virtual Menu? Parent { get; set; }
        /// <summary>
        /// 子菜单
        /// </summary>
        public virtual List<Menu> Children { get; set; }
    }
}
```

使菜单和角色关联。创建 **RoleMenu** 表。

```
namespace Wheel.Domain.Menus
{
    public class RoleMenu
    {
        public virtual string RoleId { get; set; }
        public virtual Role Role { get; set; }
        public virtual GuidMenuId { get; set; }
        public virtual Menu Menu { get; set; }
    }
}
```

▶▶ 17.2.2 修改 DbContext 与配置表结构

接下来修改 WheelDbContext。

添加代码：

```
#region Menu
public DbSet<Menu> Menus { get; set; }
public DbSet<RoleMenu>RoleMenus { get; set; }
#endregion

    protected override void OnModelCreating(ModelBuilder builder)
```

```
{
base.OnModelCreating(builder);

ConfigureIdentity(builder);
ConfigureLocalization(builder);
ConfigurePermissionGrants(builder);
ConfigureMenus(builder);
}

void ConfigureMenus(ModelBuilder builder)
{
builder.Entity<Menu>(b =>
    {
b.HasKey(o =>o.Id);
b.Property(o =>o.Permission).HasMaxLength(128);
b.Property(o =>o.Path).HasMaxLength(128);
b.Property(o =>o.Name).HasMaxLength(128);
b.Property(o =>o.Icon).HasMaxLength(128);
b.Property(o =>o.DisplayName).HasMaxLength(128);
b.HasMany(o =>o.Children).WithOne(o =>o.Parent);
b.HasIndex(o =>o.ParentId);
    });
builder.Entity<RoleMenu>(b =>
    {
b.HasKey(o => new { o.MenuId, o.RoleId });
b.Property(o =>o.RoleId).HasMaxLength(36);
    });
}
```

然后执行数据库迁移命令即可完成表的创建。

▶▶ 17.2.3　实现菜单管理

接下来就可以实现菜单管理相关的功能了。

实现 **MenuAppService**：

```
namespace Wheel.Services.Menus
{
    public interface IMenuAppService : ITransientDependency
    {
        Task<R> Create(CreateOrUpdateMenuDtodto);
        Task<R> Update(Guid id, CreateOrUpdateMenuDtodto);
        Task<R> Delete(Guid id);
        Task<R<MenuDto>>GetById(Guid id);
```

```
        Task<R<List<MenuDto>>>GetList();
        Task<R<List<MenuDto>>>GetRoleMenuList(string roleId);
        Task<R<List<AntdMenuDto>>>GetCurrentMenu();
        Task<R>UpdateRoleMenu(string roleId, UpdateRoleMenuDtodto);
    }
}
```

MenuAppService 实现代码如下：

```
namespace Wheel.Services.Menus
{
    public class MenuAppService : WheelServiceBase, IMenuAppService
    {
        private readonlyIBasicRepository<Menu, Guid> _menuRepository;
        private readonlyIBasicRepository<Role, string> _roleRepository;
        private readonlyIBasicRepository<RoleMenu> _roleMenuRepository;
        public MenuAppService(IBasicRepository<Menu, Guid>menuRepository)
        {
            _menuRepository = menuRepository;
        }
        public async Task<R> Create(CreateOrUpdateMenuDtodto)
        {
            var menu = Mapper.Map<Menu>(dto);
menu.Id = GuidGenerator.Create();
            await _menuRepository.InsertAsync(menu, true);
            return new R();
        }
        public async Task<R> Update(Guidid,CreateOrUpdateMenuDtodto)
        {
            var menu = await _menuRepository.FindAsync(id);
            if(menu ! = null)
            {
Mapper.Map(dto, menu);
                await _menuRepository.UpdateAsync(menu, true);
            }
            return new R();
        }
        public async Task<R> Delete(Guid id)
        {
            await _menuRepository.DeleteAsync(id, true);
            return new R();
        }
        public async Task<R<MenuDto>>GetById(Guid id)
        {
```

```
        var menu = await _menuRepository.FindAsync(id
        var dto = Mapper.Map<MenuDto>(menu);
        return new R<MenuDto>(dto);
    }
    public async Task<R<List<MenuDto>>>GetList()
    {
        var items = await _menuRepository.GetListAsync(
            a =>a.ParentId == null,
propertySelectors: a=>a.Children
            );
items.ForEach(a =>a.Children = a.Children.OrderBy(b =>b.Sort).ToList());
        items = items.OrderBy(a =>a.Sort).ToList();
        var resultItems = Mapper.Map<List<MenuDto>>(items);
        return new R<List<MenuDto>>(resultItems);
    }
    public async Task<R>UpdateRoleMenu(string roleId,
UpdateRoleMenuDtodto)
    {
        using (var uow = await UnitOfWork.BeginTransactionAsync())
        {
            if (await _roleMenuRepository.AnyAsync(a =>a.RoleId == roleId))
            {
                await _roleMenuRepository.DeleteAsync(a =>a.RoleId == roleId);
            }
            if(dto.MenuIds.Any())
            {
                var roleMenus = dto.MenuIds.Select(a => new RoleMenu
{ RoleId = roleId, MenuId = a });
                await
_roleMenuRepository.InsertManyAsync(roleMenus.ToList());
            }
            await uow.CommitAsync();
        }
        return new R();
    }
    public async Task<R<List<MenuDto>>>GetRoleMenuList(string roleId)
    {
        var items = await _roleMenuRepository.SelectListAsync(a => a.RoleId ==
roleId&&a.Menu.ParentId == null, a =>a.Menu, propertySelectors: a =>a.Menu.Children);
items.ForEach(a =>a.Children = a.Children.OrderBy(b =>b.Sort).ToList());
        items = items.OrderBy(a =>a.Sort).ToList();
        var resultItems = Mapper.Map<List<MenuDto>>(items);
        return new R<List<MenuDto>>(resultItems);
    }
```

```csharp
        public async Task<R<List<AntdMenuDto>>>GetCurrentMenu()
        {
            if (CurrentUser.IsInRoles("admin"))
            {
                var menus = await _menuRepository.GetListAsync(a =>a.ParentId == null);
                return new R<List<AntdMenuDto>>(MaptoAntdMenu(menus));
            }
            else
            {
                var roleIds = await _roleRepository.SelectListAsync(a
=>CurrentUser.Roles.Contains(a.Name), a =>a.Id);
                var menus = await _roleMenuRepository.SelectListAsync(a
=>roleIds.Contains(a.RoleId) &&a.Menu.ParentId == null, a =>a.Menu,
propertySelectors: a =>a.Menu.Children);
                return new
R<List<AntdMenuDto>>(MaptoAntdMenu(menus.DistinctBy(a=>a.Id).ToList()));
            }
        }
        private List<AntdMenuDto>MaptoAntdMenu(List<Menu> menus)
        {
            return menus.OrderBy(m =>m.Sort).Select(m =>
            {
                var result = new AntdMenuDto
                {
                    Name = m.Name,
                    Icon = m.Icon,
                    Path = m.Path,
                    Access = m.Permission
                };
                if(m.Children != null &&m.Children.Count> 0)
                {
result.Children = MaptoAntdMenu(m.Children);
                }
                return result;
            }).ToList();
        }
    }
}
```

实现 MenuController：

```csharp
namespace Wheel.Controllers
{
    /// <summary>
```

```csharp
/// 菜单管理
/// </summary>
[Route("api/[controller]")]
[ApiController]
public class MenuController : WheelControllerBase
{
    private readonlyIMenuAppService _menuAppService;
    public MenuController(IMenuAppServicemenuAppService)
    {
        _menuAppService = menuAppService;
    }
    /// <summary>
    /// 新增菜单
    /// </summary>
    /// <param name="dto"></param>
    /// <returns></returns>
    [HttpPost()]
    public Task<R> Create(CreateOrUpdateMenuDtodto)
    {
        return _menuAppService.Create(dto);
    }
    /// <summary>
    /// 删除菜单
    /// </summary>
    /// <param name="id"></param>
    /// <returns></returns>
    [HttpDelete("{id}")]
    public Task<R> Delete(Guid id)
    {
        return _menuAppService.Delete(id);
    }
    /// <summary>
    /// 获取单个菜单详情
    /// </summary>
    /// <param name="id"></param>
    /// <returns></returns>
    [HttpGet("{id}")]
    public Task<R<MenuDto>>GetById(Guid id)
    {
        return _menuAppService.GetById(id);
    }
    /// <summary>
    /// 查询菜单列表
    /// </summary>
```

```
        /// <returns></returns>
        [HttpGet]
        public Task<R<List<MenuDto>>>GetList()
        {
            return _menuAppService.GetList();
        }
        /// <summary>
        /// 修改菜单
        /// </summary>
        /// <param name="id"></param>
        /// <param name="dto"></param>
        /// <returns></returns>
        [HttpPut("{id}")]
        public Task<R> Update(Guid id, CreateOrUpdateMenuDtodto)
        {
            return _menuAppService.Update(id, dto);
        }
        /// <summary>
        /// 修改角色菜单
        /// </summary>
        /// <param name="roleId"></param>
        /// <param name="dto"></param>
        /// <returns></returns>
        [HttpPut("role/{roleId}")]
        public Task<R>UpdateRoleMenu(string roleId, UpdateRoleMenuDtodto)
        {
            return _menuAppService.UpdateRoleMenu(roleId, dto);
        }
        /// <summary>
        /// 获取角色菜单列表
        /// </summary>
        /// <param name="roleId"></param>
        /// <returns></returns>
        [HttpGet("role/{roleId}")]
        public Task<R<List<MenuDto>>>GetRoleMenuList(string roleId)
        {
            return _menuAppService.GetRoleMenuList(roleId);
        }
    }
}
```

这样就完成了菜单管理相关的 API 功能，包含菜单的增删查改和角色菜单绑定功能。
到这里最基础的后台管理功能 API 基本开发完成。

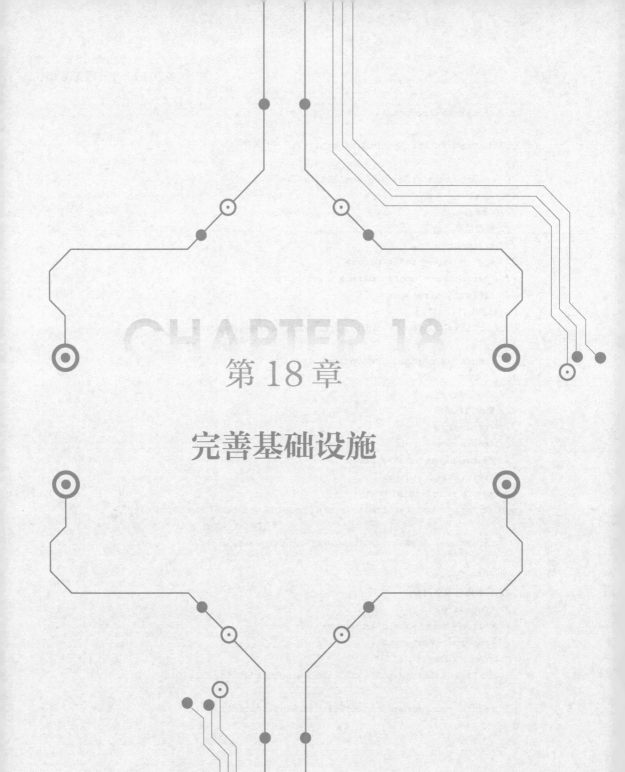

第 18 章

完善基础设施

前面我们完成了部分管理功能，如果需要一些更复杂的功能，则需要一些更完善的基础设施来支撑，所以接下来继续完善一下基础设施，包括 EventBus 与 SignalR 实时通信功能。

18.1　EventBus

EventBus 也是使用场景非常广的工具。这里会实现一个本地的 EventBus 以及分布式的 EventBus。

▶▶ 18.1.1　技术选型

这里采用 MediatR 和 Cap 来实现 EventBus。

现在简单介绍一下这两者：

MediatR 是一个轻量级的中介者库，用于实现应用程序内部的消息传递和处理。它提供了一种简单而强大的方式来解耦应用程序的不同部分，并促进了代码的可维护性和可测试性。使用 MediatR，可以定义请求和处理程序，然后通过发送请求来触发相应的处理程序。这种模式使得应用程序的不同组件可以通过消息进行通信，而不需要直接引用彼此的代码。MediatR 还提供了管道处理功能，可以在请求到达处理程序之前或之后执行一些逻辑，例如验证、日志记录或缓存。

Cap 是一个基于.NET 的分布式事务消息队列框架，用于处理高并发、高可靠性的消息传递。它支持多种消息队列中间件，如 RabbitMQ、Kafka 和 Redis。Cap 提供了一种可靠的方式来处理分布式事务，确保消息的可靠传递和处理。它还支持事件发布/订阅模式，使得不同的服务可以通过发布和订阅事件来进行解耦和通信。Cap 还提供了一些高级功能，如消息重试、消息顺序处理和消息回溯，以应对各种复杂的场景。

总体来说，MediatR 适用于应用程序内部的消息传递和处理，它强调解耦和可测试性。而 Cap 则更适合处理分布式系统中的消息传递和事务，它提供了高可靠性和高并发的支持，并且适用于处理复杂的分布式场景。

▶▶ 18.1.2　定义接口

下面添加一个 ILocalEventBus 接口，里面包含一个 PublishAsync 事件发布方法。

```
namespace Wheel.EventBus.Local
{
    public interface ILocalEventBus
    {
        Task PublishAsync<TEventData>(TEventDataeventData,
CancellationTokencancellationToken = default);
    }
}
```

添加一个 **IDistributedEventBus** 接口, 里面包含一个 **PublishAsync** 事件发布方法。

```
namespace Wheel.EventBus.Distributed
{
    public interface IDistributedEventBus
    {
        Task PublishAsync<TEventData>(TEventDataeventData,
CancellationTokencancellationToken = default);
    }
}
```

添加一个 **IEventHandler** 的空接口, 作为事件处理的基础接口。

```
namespace Wheel.EventBus
{
    public interface IEventHandler
    {
    }
}
```

▶▶ 18.1.3 实现 LocalEventBus

这里用 MediatR 的 Notification 来实现本地事件总线。

首先安装 MediatR 的 Nuget 包。

实现 MediatREventBus 本地事件总线

实现 **MediatREventBus**, 这里其实就是包装以下 IMediator.Publish 方法。

```
using MediatR;
using Wheel.DependencyInjection;
namespace Wheel.EventBus.Local.MediatR
{
    public class MediatREventBus : ILocalEventBus, ITransientDependency
    {
        private readonlyIMediator _mediator;
        public MediatREventBus(IMediator mediator)
        {
            _mediator = mediator;
        }
        public Task PublishAsync<TEventData>(TEventDataeventData,
CancellationTokencancellationToken)
        {
            return _mediator.Publish(eventData, cancellationToken);
        }
    }
}
```

添加一个 ILocalEventHandler 接口，用于处理 LocalEventBus 发出的内容。这里由于 MediatR 的强关联，必须继承 INotification 接口。

```
using MediatR;
namespace Wheel.EventBus.Local
{
    public interface ILocalEventHandler<in TEventData> : IEventHandler,
INotificationHandler<TEventData> where TEventData : INotification
    {
        Task Handle(TEventDataeventData, CancellationTokencancellationToken = default);
    }
}
```

然后来实现一个 MediatR 的 INotificationPublisher 接口，由于默认的两种实现方式都会同步阻塞请求，所以单独实现一个不会阻塞请求的。

```
using MediatR;
namespace Wheel.EventBus.Local.MediatR
{
    public class WheelPublisher : INotificationPublisher
    {
        public Task
Publish(IEnumerable<NotificationHandlerExecutor>handlerExecutors,
INotification notification, CancellationTokencancellationToken)
        {
            return Task.Factory.StartNew(async () =>
            {
                foreach (var handler in handlerExecutors)
                {
                    await handler.HandlerCallback(notification,
cancellationToken).ConfigureAwait(false);
                }
            }, cancellationToken);
        }
    }
}
```

接下来添加一个扩展方法，用于注册 MediatR。

```
namespace Wheel.EventBus
{
    public static class EventBusExtensions
    {
        public static IServiceollectionAddLocalEventBus(this
IServiceCollection services)
```

```
            {
services.AddMediatR(cfg =>
        {

cfg.RegisterServicesFromAssemblies(Directory.GetFiles(AppDomain.CurrentDomain.
BaseDirectory, "*.dll")
                                .Where(x => !x.Contains("Microsoft.")
&& !x.Contains("System."))
                                .Select(x
=>Assembly.Load(AssemblyName.GetAssemblyName(x))).ToArray());
cfg.NotificationPublisher = new WheelPublisher();
cfg.NotificationPublisherType = typeof(WheelPublisher);
        });
        return services;
    }
  }
}
```

这里通过程序集注册，会自动注册所有集成 MediatR 接口的 Handler。

然后指定 NotificationPublisher 和 NotificationPublisherType 是自定义的 Publisher。

这样就完成了 LocalEventBus 的实现，只需要定义 EventData，同时实现一个 ILocalEventHandler
<in TEventData>，即可完成一个本地事件总线的处理。

▶▶ 18.1.4 实现 DistributedEventBus

这里通过 CAP 来实现分布式事件总线。

首先需要安装 DotNetCore.CAP 的相关 Nuget 包。如消息队列使用 RabbitMQ，则安装 DotNet-
Core.CAP.RabbitMQ，使用 Redis 则安装 DotNetCore.CAP.RedisStreams，数据库存储用 Sqlite 则使用
DotNetCore.CAP.Sqlite。

实现 CapDistributedEventBus 分布式事件总线

这里 CapDistributedEventBus 的实现其实就是包装以下 Cap 的 ICapPublisher.PublishAsync
方法。

```
using DotNetCore.CAP;
using System.Reflection;
using Wheel.DependencyInjection;
namespace Wheel.EventBus.Distributed.Cap
{
    public class CapDistributedEventBus : IDistributedEventBus,
ITransientDependency
    {
```

```
        private readonly ICapPublisher _capBus;
        public CapDistributedEventBus(ICapPublisher capBus)
        {
            _capBus = capBus;
        }
        public Task PublishAsync<TEventData>(TEventData eventData,
CancellationToken cancellationToken = default)
        {
            var sub =
typeof(TEventData).GetCustomAttribute<EventNameAttribute>()?.Name;
            return _capBus.PublishAsync(sub ?? nameof(eventData), eventData,
cancellationToken: cancellationToken);
        }
    }
}
```

这里使用了一个 **EventNameAttribute**，它用于自定义发布的事件名称。

```
using System.Diagnostics.CodeAnalysis;
namespace Wheel.EventBus
{
    [AttributeUsage(AttributeTargets.Class)]
    public class EventNameAttribute : Attribute
    {
        public string Name { get; set; }

        public EventNameAttribute([NotNull] string name)
        {
            Name = name;
        }
        public static string? GetNameOrDefault<TEvent>()
        {
            return GetNameOrDefault(typeof(TEvent));
        }
        public static string? GetNameOrDefault([NotNull] Type eventType)
        {
            return eventType
                    .GetCustomAttributes(true)
                    .OfType<EventNameAttribute>()
                    .FirstOrDefault()
                    ?.GetName(eventType)
                ?? eventType.FullName;
        }
        public string? GetName(Type eventType)
```

```
        {
            return Name;
        }
    }
}
```

添加一个 **IDistributedEventHandler** 接口，用于处理 **DistributedEventBus** 发出的内容。

```
namespace Wheel.EventBus.Distributed
{
    public interface IDistributedEventBus
    {
        Task PublishAsync<TEventData>(TEventDataeventData,
CancellationTokencancellationToken = default);
    }
}
```

这里由于对 **CAP** 做了 2 次封装，所以需要重写一下 **ConsumerServiceSelector**。

```
using DotNetCore.CAP;
using DotNetCore.CAP.Internal;
using System.Reflection;
using TopicAttribute = DotNetCore.CAP.Internal.TopicAttribute;
namespace Wheel.EventBus.Distributed.Cap
{
    public class WheelConsumerServiceSelector : ConsumerServiceSelector
    {
        protected IServiceProviderServiceProvider { get; }
        /// <summary>
        /// Creates a new <see
cref="T:DotNetCore.CAP.Internal.ConsumerServiceSelector" />.
        /// </summary>
        public
WheelConsumerServiceSelector(IServiceProviderserviceProvider) :
base(serviceProvider)
        {
ServiceProvider = serviceProvider;
        }
        protected override
IEnumerable<ConsumerExecutorDescriptor>FindConsumersFromInterfaceTypes
(IServiceProvider provider)
        {
            var executorDescriptorList =
base.FindConsumersFromInterfaceTypes(provider).ToList();
            using var scope = provider.CreateScope();
```

```
        var scopeProvider = scope.ServiceProvider;
        //handlers
        var handlers = scopeProvider.GetServices<IEventHandler>()
                .Select(o =>o.GetType()).ToList();
        foreach (var handler in handlers)
        {
            var interfaces = handler.GetInterfaces();
            foreach (var @ interface in interfaces)
            {
                if (! typeof(IEventHandler).GetTypeInfo().IsAssignableFrom(@ interface))
                {
                    continue;
                }
                var genericArgs = @ interface.GetGenericArguments();
                if (genericArgs.Length != 1)
                {
                    continue;
                }
                if (! (@ interface.GetGenericTypeDefinition() ==
typeof(IDistributedEventHandler<>)))
                {
                    continue;
                }
                var descriptors = GetHandlerDescription(genericArgs[0], handler);
                foreach (var descriptor in descriptors)
                {
                    var count = executorDescriptorList.Count(x =>
x.Attribute.Name == descriptor.Attribute.Name);
descriptor.Attribute.Group = descriptor.Attribute.Group.Insert(
descriptor.Attribute.Group.LastIndexOf(".", StringComparison.Ordinal), $".{count}");
executorDescriptorList.Add(descriptor);
                }
            }
        }
        return executorDescriptorList;
    }
    protected virtual
IEnumerable<ConsumerExecutorDescriptor>GetHandlerDescription(Type eventType,
Type typeInfo)
    {
        var serviceTypeInfo = typeof(IDistributedEventHandler<>)
            .MakeGenericType(eventType);
        var method = typeInfo
            .GetMethod(
```

```
nameof(IDistributedEventHandler<object>.Handle)
            );
        var eventName = EventNameAttribute.GetNameOrDefault(eventType);
        var topicAttr = method.GetCustomAttributes<TopicAttribute>(true);
        var topicAttributes = topicAttr.ToList();
        if (topicAttributes.Count == 0)
        {
topicAttributes.Add(new CapSubscribeAttribute(eventName));
        }
        foreach (var attr in topicAttributes)
        {
SetSubscribeAttribute(attr);
            var parameters = method.GetParameters()
                .Select(parameter => new ParameterDescriptor
                {
                    Name = parameter.Name,
ParameterType = parameter.ParameterType,
IsFromCap = parameter.GetCustomAttributes(typeof(FromCapAttribute)).Any()
                                ||
typeof(CancellationToken).IsAssignableFrom(parameter.ParameterType)
                }).ToList();
            yield return InitDescriptor(attr, method,
typeInfo.GetTypeInfo(), serviceTypeInfo.GetTypeInfo(), parameters);
        }
    }
    private static ConsumerExecutorDescriptorInitDescriptor(
TopicAttributeattr,
MethodInfomethodInfo,
TypeInfoimplType,
TypeInfoserviceTypeInfo,
IList<ParameterDescriptor> parameters)
    {
        var descriptor = new ConsumerExecutorDescriptor
        {
            Attribute = attr,
MethodInfo = methodInfo,
ImplTypeInfo = implType,
ServiceTypeInfo = serviceTypeInfo,
            Parameters = parameters
        };
        return descriptor;
    }
  }
}
```

WheelConsumerServiceSelector 的主要作用是动态地给 IDistributedEventHandler 打上 CapSub-scribeAttribute 特性，使其可以正确订阅处理 CAP 的消息队列。

接下来添加一个扩展方法，用于注册 CAP。

```
using DotNetCore.CAP.Internal;
using System.Reflection;
using Wheel.EntityFrameworkCore;
using Wheel.EventBus.Distributed.Cap;
using Wheel.EventBus.Local.MediatR;
namespace Wheel.EventBus
{
    public static class EventBusExtensions
    {
        public static IServiceCollectionAddDistributedEventBus(this
IServiceCollection services, IConfiguration configuration)
        {
services.AddSingleton<IConsumerServiceSelector,
WheelConsumerServiceSelector>();
services.AddCap(x =>
            {
x.UseEntityFramework<WheelDbContext>();
x.UseSqlite(configuration.GetConnectionString("Default"));
                //x.UseRabbitMQ(configuration["RabbitMQ:ConnectionString"]);
x.UseRedis(configuration["Cache:Redis"]);
            });
            return services;
        }
    }
}
```

这样就完成了 DistributedEventBus 的实现，只需要定义 EventData，同时实现一个 IDistribut-edEventHandler<in TEventData>，即可完成一个分布式事件总线的处理。

▶▶ 18.1.5　启用 EventBus

在 Program 中添加两行代码，这样即可完成本地事件总线和分布式事件总线的集成了。

```
builder.Services.AddLocalEventBus();
builder.Services.AddDistributedEventBus(builder.Configuration);
```

▶▶ 18.1.6　测试效果

添加一个 TestEventData，这里为了省事，笔者就用一个 EventData 类。

```
using MediatR;
using Wheel.EventBus;
namespace Wheel.TestEventBus
{
    [EventName("Test")]
    public class TestEventData : INotification
    {
        public string TestStr { get; set; }
    }
}
```

添加一个 TestEventDataLocalEventHandler，这里注意的是，实现 ILocalEventHandler 不需要额外继承 ITransientDependency，因为 MediatR 会自动注册所有继承 INotification 接口的实现，否则会出现重复执行两次的情况。

```
using Wheel.DependencyInjection;
using Wheel.EventBus.Local;
namespace Wheel.TestEventBus
{
    public class TestEventDataLocalEventHandler :
ILocalEventHandler<TestEventData>
    {
        private readonlyILogger<TestEventDataLocalEventHandler> _logger;
        public
TestEventDataLocalEventHandler(ILogger<TestEventDataLocalEventHandler> logger)
        {
            _logger = logger;
        }
        public Task Handle(TestEventDataeventData,
CancellationTokencancellationToken = default)
        {
            _logger.LogWarning($"TestEventDataLocalEventHandler:
{eventData.TestStr}");
            return Task.CompletedTask;
        }
    }
}
```

添加一个 TestEventDataDistributedEventHandler：

```
using Wheel.DependencyInjection;
using Wheel.EventBus.Distributed;
namespace Wheel.TestEventBus
{
    public class TestEventDataDistributedEventHandler :
```

```
IDistributedEventHandler<TestEventData>, ITransientDependency
    {
        private readonlyILogger<TestEventDataDistributedEventHandler> _logger;
        public
TestEventDataDistributedEventHandler ( ILogger < TestEventDataDistributedEventHandler >
logger)
        {
            _logger = logger;
        }
        public Task Handle(TestEventDataeventData,
CancellationTokencancellationToken = default)
        {
            _logger.LogWarning( $ "TestEventDataDistributedEventHandler:
{eventData.TestStr}");
            return Task.CompletedTask;
        }
    }
}
```

EventHandler 通过日志打印数据。

添加一个 API 控制器，用于测试调用。

```
using Microsoft.AspNetCore.Authorization;
using Microsoft.AspNetCore.Mvc;
using Wheel.TestEventBus;
namespace Wheel.Controllers
{
    [Route("api/[controller]")]
    [ApiController]
    [AllowAnonymous]
    public class TestEventBusController : WheelControllerBase
    {
        [HttpGet("Local")]
        public async Task<IActionResult> Local()
        {
            await LocalEventBus.PublishAsync(new TestEventData { TestStr =
GuidGenerator.Create().ToString() });
            return Ok();
        }
        [HttpGet("Distributed")]
        public async Task<IActionResult> Distributed()
        {
            await DistributedEventBus.PublishAsync(new TestEventData { TestStr
= GuidGenerator.Create().ToString() });
```

```
            return Ok();
        }
    }
}
```

启用程序，调用 API，如图 18-1 所示，已经成功执行了。

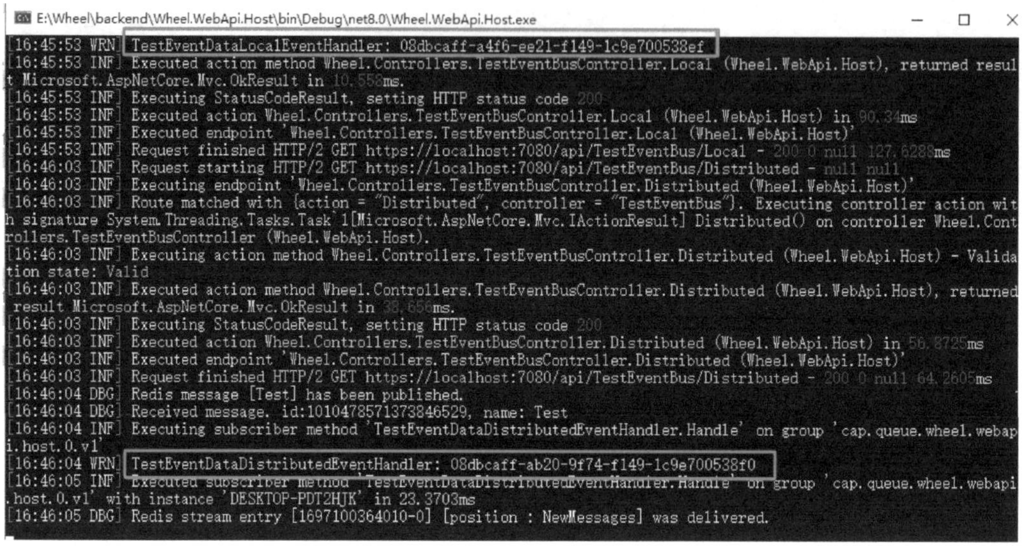

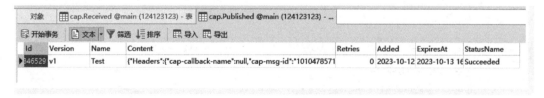

● 图 18-1

如图 18-2 和图 18-3 所示，CAP 的本地消息表也可以看到正常的发送接收。

● 图 18-2

● 图 18-3

到这里就完成了 EventBus 的集成。

18.2 消息实时推送

前面的 EventBus 已经完成了，接下来通过 EventBus 实现消息推送。

▶▶ 18.2.1 技术选型

说到消息推送，很多人肯定会想到 Websocket，既然使用 ASP.NET Core，那么 SignalR 肯定是首选。这里先介绍一下 WebSocket 和 SignalR。

1. WeSocket

WebSocket 是一种在 Web 应用程序中实现双向通信的协议，它提供了一种持久化的连接，允许服务器主动向客户端发送消息，而不需要客户端发起请求。WebSocket 协议通过在客户端和服务器之间建立长连接，实现了实时通信和即时更新的能力。

WebSocket 的特点。

（1）双向通信：WebSocket 允许服务器和客户端之间进行双向通信，可以实时地发送消息和数据。

（2）持久连接：WebSocket 建立的连接是持久的，不需要在每次通信时重新建立连接，可以节省网络开销。

（3）低延迟：WebSocket 使用较少的网络开销和较低的延迟，适用于实时通信和即时更新的场景。

2. SignalR

SignalR 是一个基于 WebSocket 的实时通信库，它简化了在 Web 应用程序中实现实时功能的开发过程。SignalR 提供了一个高级的抽象层，使开发人员可以轻松地处理客户端和服务器之间的实时通信，而无须直接操作 WebSocket 协议。

SignalR 的特点。

（1）跨平台支持：SignalR 可以在多种平台上使用，包括 .NET、JavaScript、Java、Python 等。

（2）自动协议升级：SignalR 在客户端和服务器之间自动选择最佳的通信协议，包括 Web-Socket、Server-Sent Events（SSE）、长轮询等。

（3）实时通信：SignalR 提供了简单易用的 API，使开发人员可以轻松地实现实时通信功能，如聊天应用、实时数据更新等。

（4）可扩展性：SignalR 支持分布式部署和负载均衡，可以处理大规模的实时通信需求。

SignalR 提供了一种简单而强大的方式来实现实时通信功能，使开发人员能够轻松地构建具有实时更新和即时通知的 Web 应用程序。无论是聊天应用、实时数据监控还是协同编辑工具，SignalR 都是一个很好的选择。

接下来将用 SignalR 实现消息通知。

▶▶ 18.2.2　NotificationHub 消息通知集线器

首先需要创建一个 Hub，用于连接 SignalR。

添加 NotificationHub 类继承 SignalR.Hub。

```
using Microsoft.AspNetCore.SignalR;
using Microsoft.Extensions.Localization;
using Wheel.Notifications;
namespace Wheel.Hubs
{
    public class NotificationHub : Hub
    {
        protected IStringLocalizer L;
        public NotificationHub(IStringLocalizerFactorylocalizerFactory)
        {
            L = localizerFactory.Create(null);
        }
        public override async Task OnConnectedAsync()
        {
            if (Context.UserIdentifier ! = null)
            {
                var wellcome = new NotificationData(NotificationType.WellCome)
                    .WithData("name", Context.User!.Identity!.Name!)
                    .WithData("message", L["Hello"].Value);
                await Clients.Caller.SendAsync("Notification", wellcome);
            }
        }
    }
}
```

这里重写 OnConnectedAsync，当用户授权连接之后，立刻推送一个 Hello 的消息。

▶▶ 18.2.3　约定消息通知结构

为了方便并且统一结构，最好约定一组通知格式，方便客户端处理消息。

创建一个 NotificationData 类：

```
namespace Wheel.Notifications
{
    public class NotificationData
```

```
    {
        public NotificationData(NotificationType type)
        {
            Type = type;
        }
        public NotificationType Type { get; set; }
        public IDictionary<string, object> Data { get; set; } = new
Dictionary<string, object>();
        public NotificationDataWithData(string name, object value)
        {
Data.Add(name, value);
            return this;
        }
    }
    public enumNotificationType
    {
WellCome = 0,
        Info = 1,
        Warn = 2,
        Error = 3,
    }
}
```

NotificationData 包含消息通知类型 Type，以及消息数据 Data。

▶▶ 18.2.4　自定义 UserIdProvider

有时候可能需要自定义用户表示，那么就需要实现一个自定义的 IUserIdProvider。

```
using Microsoft.AspNetCore.SignalR;
using System.Security.Claims;
using Wheel.DependencyInjection;

namespace Wheel.Hubs
{
    public class UserIdProvider : IUserIdProvider, ISingletonDependency
    {
        public string? GetUserId(HubConnectionContext connection)
        {
            return connection.User?.Claims?.FirstOrDefault(a=>a.Type ==
ClaimTypes.NameIdentifier)?.Value;
        }
    }
}
```

▶▶ 18.2.5 **配置 SignalR**

在 Program 中需要注册 SignalR 以及配置 SignalR 中间件。

添加代码：

```
builder.Services.AddAuthentication(IdentityConstants.BearerScheme)
    .AddBearerToken(IdentityConstants.BearerScheme, options =>
    {
options.Events = new BearerTokenEvents
        {
OnMessageReceived = context =>
            {
                var accessToken = context.Request.Query["access_token"];
                // If the request is for our hub...
                var path = context.HttpContext.Request.Path;
                if (!string.IsNullOrEmpty(accessToken) &&
                    (path.StartsWithSegments("/hubs")))
                {
                    // Read the token out of the query string
context.Token = accessToken;
                }
                return Task.CompletedTask;
            }
        };
    });
builder.Services.AddSignalR()
    .AddJsonProtocol()
    .AddMessagePackProtocol()
    .AddStackExchangeRedis(builder.Configuration["Cache:Redis"]);
```

在 AddBearerToken 中配置并从 Query 中读取 access_ token，用于 SignalR 连接是从 Url 获取认证的 Token。

这里注册 SignalR 并支持 JSON 和二进制 MessagePackProtocol 协议。

AddStackExchangeRedis 表示用 Redis 做 Redis 底板，用于横向扩展。

配置中间件代码如下：

```
app.MapHub<NotificationHub>("/hubs/notification");
```

这样就完成了 SignalR 的集成。

▶▶ 18.2.6 **配合 EventBus 进行推送**

有时候有些任务可能非实时响应，等待后端处理完成后，再给客户端发出一个消息通知，或者其他各种消息通知的场景，那么配合 EventBus 就可以非常灵活了。

接下来模拟一个测试场景，首先创建 NotificationEventData。

```
using MediatR;
namespace Wheel.Handlers
{
    public class NotificationEventData :INotification
    {
        public string Message { get; set; }
    }
}
```

创建 NotificationEventHandler。

```
using Microsoft.AspNetCore.SignalR;
using Wheel.EventBus.Local;
using Wheel.Hubs;
using Wheel.Notifications;
namespace Wheel.Handlers
{
    public class NotificationEventHandler :
ILocalEventHandler<NotificationEventData>
    {
        private readonlyIHubContext<NotificationHub> _hubContext;
        public
NotificationEventHandler(IHubContext<NotificationHub>hubContext)
        {
            _hubContext = hubContext;
        }
        public async Task Handle(NotificationEventDataeventData,
CancellationTokencancellationToken = default)
        {
            var wellcome = new NotificationData(NotificationType.WellCome)
                .WithData(nameof(eventData.Message), eventData.Message);
            await _hubContext.Clients.All.SendAsync("Notification",
wellcome);
        }
    }
}
```

创建 NotificationController。

```
using Microsoft.AspNetCore.Authorization;
using Microsoft.AspNetCore.Mvc;
using Wheel.Handlers;
namespace Wheel.Controllers
```

```
{
    [Route("api/[controller]")]
    [ApiController]
    [AllowAnonymous]
    public class NotificationController : WheelControllerBase
    {
        [HttpGet]
        public async Task<IActionResult> Test()
        {
            await LocalEventBus.PublishAsync(new NotificationEventData
{ Message = Guid.NewGuid().ToString() });
            return Ok();
        }
    }
}
```

启动项目，先获取一个 Token，如图 18-4 所示。

• 图 18-4

然后创建一个 SignalR 客户端连接。

```
using Microsoft.AspNetCore.SignalR.Client;
using System.Text.Json;
using System.Text.Json.Serialization;
var connection = new HubConnectionBuilder()
    .WithUrl("https://localhost:7080/hubs/notification? access_token=CfDJ8PRWI6x4TXd
PnDiVcuLDwVtyEhzhaNmV9ggxR0_i0_godBkw1wRkg0ct0DezjpwbJb7s6VJxvr3V8mEGE9d9klp_Bhjv2AZE
3eQ78KmJygizroSpfFHeoImRaEYIyLNXkHrNEG-MuszVQ6eVFHORm5Kkv-Rux7_1RkVam0tsPYiypRQhcJqUu
V3pbeiblOQpJlWXikmpZ8-jFSqwkNM58hUx2w50iTWYiEyqpiyrjQqu69NfEregcwxJBOji4dmxiu1Q4tyaFZ
MyZ3m10tFrSqHuF0cRBXDUf5BHSBGg0b7LImROubDrn5y_ogBmhd3J165gnbjRDnGvmYr6hQjI1ZmfhR_Nyri
G9zQ7jE5oZDFIUsXgd0Yqod8HTMlTzxY0gSFglPy-vPhzBVD4-WxRSaCtCaReQHVJUZ-SB15cfmvHXdPN9tjs
VlMwlK8nWCuPJmnWdgsfEx8QJisPvfzhH_dosPvFQf1nNH3Gz_9NT858SauuXCXj3AKE48Bh4XY6avpO4GFEd
lMgYHmCius1BEqlq8KQB9SVuJFLcvhKt0Xbz_TEYiN0LtBC7Ot4FNOvBOy0a9VswuYII_nAMgnRN4dZTz8z8v
```

NS7Yd1zbDY6mL86OuqvhMhEgzEpgkjhdaBvq13fDTtGKmw6bZXLstYH_kDaXGKxzfP38WSoxZ9EI8LyPpoZzh
qUeexEGbwhYRWM9zNFH_wvwUGMUvWne4_ZeVqVir8obns496infwK9x4WCfL91YC7_ac7Q7t5HLg9py_NBXms
HXXrs_2kdA5F6DI")

```
    .Build();
connection.On<NotificationData>("Notification", (data) =>
{
    var newMessage = JsonSerializer.Serialize(data);
Console.WriteLine($"{DateTime.Now}---{newMessage}");
});
await connection.StartAsync();
Console.ReadKey();
public class NotificationData
{
    public NotificationData(NotificationType type)
    {
        Type = type;
    }
    public NotificationType Type { get; set; }
    public IDictionary<string, object> Data { get; set; } = new
Dictionary<string, object>();
    public NotificationDataWithData(string name, object value)
    {
Data.Add(name, value);
        return this;
    }
}
public enumNotificationType
{
WellCome = 0,
    Info = 1,
    Warn = 2,
    Error = 3
}
```

启动程序，由于带了 accessToken 连接，所以连上后立刻就收到 Hello 的消息推送，如图 18-5
所示。

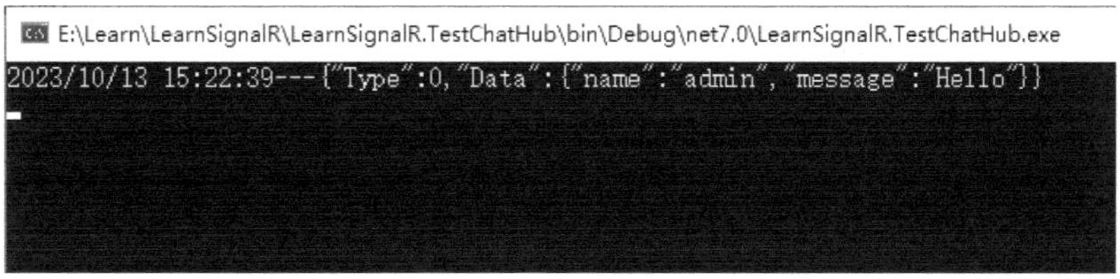

● 图 18-5

调用 API 发起推送通知。

如图 18-6 所示，可以看到成功接收到了消息通知。

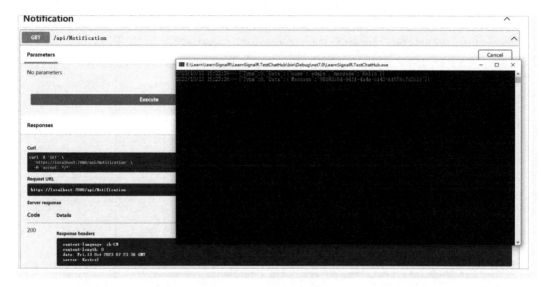

• 图 18-6

对接非常容易且灵活。

这样就完成了消息实时通知的功能集成。

18.3 种子数据

在一个基础框架里面，种子数据很重要，比如一些基础数据、初始用户等，这些都需要初始化，否则程序启动却无法使用就很尴尬了。

▶▶ 18.3.1 种子数据接口

首先定义一个种子数据接口。

```
using Wheel.DependencyInjection;
namespace Wheel.DataSeeders
{
    public interface IDataSeeder :ITransientDependency
    {
        Task Seed(CancellationTokencancellationToken = default);
    }
}
```

接下来所有的种子数据实现都需要继承这个接口。

▶▶ 18.3.2 **DataSeederExtensions**

封装一个扩展方法，获取所有 **IDataSeeder** 的实现，并执行数据初始化。

```
namespace Wheel.DataSeeders
{
    public static class DataSeederExtensions
    {
        public static async Task<IApplicationBuilder>SeedData(this
IApplicationBuilder app)
        {
            var dataSeeders =
app.ApplicationServices.GetServices<IDataSeeder>();
            foreach (var dataSeeder in dataSeeders)
            {
                await dataSeeder.Seed();
            }
            return app;
        }
    }
}
```

在 **Program** 中添加代码：

```
var app = builder.Build();
//初始化种子信息
await app.SeedData();
```

这样就初步完成了种子数据的配置。

▶▶ 18.3.3 **实现种子数据**

接下来实现一些种子数据，如用户角色种子数据、多语言种子数据，以及菜单种子数据。

1. 用户角色种子数据

IdentityDataSeeder 实现代码如下：

```
using Microsoft.AspNetCore.Identity;
using Wheel.Domain;
using Wheel.Domain.Identity;
namespace Wheel.DataSeeders.Identity
{
    public class IdentityDataSeeder : IDataSeeder
```

```
    {
        private readonly IBasicRepository<Role, string> _roleRepository;
        private readonly IBasicRepository<User, string> _userRepository;
        private readonly UserManager<User> _userManager;
        private readonly IUserStore<User> _userStore;
        private readonly RoleManager<Role> _roleManager;
        public IdentityDataSeeder(IBasicRepository<Role,
string>roleRepository, IBasicRepository<User, string>userRepository,
UserManager<User>userManager, IUserStore<User>userStore,
RoleManager<Role>roleManager)
        {
            _roleRepository = roleRepository;
            _userRepository = userRepository;
            _userManager = userManager;
            _userStore = userStore;
            _roleManager = roleManager;
        }
        public async Task Seed(CancellationTokencancellationToken = default)
        {
            if (!await _roleRepository.AnyAsync(a =>a.Name == "admin"))
            {
                await _roleManager.CreateAsync(new Role("admin",
Enums.RoleType.Admin));
            }
            if (!await _roleRepository.AnyAsync(a =>a.Name == "user"))
            {
                await _roleManager.CreateAsync(new Role("user", Enums.RoleType.App));
            }
            if (!await _userRepository.AnyAsync(a =>a.UserName == "admin"))
            {
                var adminUser = new User();
                await _userStore.SetUserNameAsync(adminUser, "admin",
cancellationToken);
                var emailStore = (IUserEmailStore<User>)_userStore;
                await emailStore.SetEmailAsync(adminUser, "136590076@ qq.com",
cancellationToken);
                await _userManager.CreateAsync(adminUser, "Wheel@ 2023");
                await _userManager.AddToRoleAsync(adminUser, "admin");
                await _userManager.UpdateAsync(adminUser);
            }
        }
    }
}
```

这里初始化一个普通 User 角色和管理后台 admin 角色，以及一个 admin 角色的账号。

2. 多语言种子数据

LocalizationDataSeeder 实现代码如下：

```
using Wheel.Domain;
using Wheel.Domain.Localization;
namespace Wheel.DataSeeders.Localization
{
    public class LocalizationDataSeeder : IDataSeeder
    {
        private readonlyIBasicRepository<LocalizationCulture, int>
_localizationCultureRepository;
        public LocalizationDataSeeder(IBasicRepository<LocalizationCulture,
int>localizationCultureRepository)
        {
            _localizationCultureRepository = localizationCultureRepository;
        }
        public async Task Seed(CancellationTokencancellationToken = default)
        {
            if (!(await
_localizationCultureRepository.AnyAsync(cancellationToken)))
            {
                await _localizationCultureRepository.InsertAsync(new
LocalizationCulture() { Name = "en" }, true);
                await _localizationCultureRepository.InsertAsync(new
LocalizationCulture() { Name = "zh-CN"}, true);
            }
        }
    }
}
```

这里给多语言初始化两种语言，分别是 en 英文以及 zh-CN 中文。

3. 菜单种子

MenuDataSeeder 实现代码如下：

```
using Wheel.Domain;
using Wheel.Domain.Menus;
namespace Wheel.DataSeeders.Identity
{
    public class MenuDataSeeder : IDataSeeder
    {
        private readonlyIBasicRepository<Menu, Guid> _menuRepository;
        public MenuDataSeeder(IBasicRepository<Menu, Guid>menuRepository)
```

```
        {
            _menuRepository = menuRepository;
        }
        public async Task Seed(CancellationTokencancellationToken = default)
        {
            if (!(await _menuRepository.AnyAsync(cancellationToken)))
            {
                await _menuRepository.InsertAsync(new Menu
                {
                    Name = "SystemManage",
                    DisplayName = "系统管理",
                    Sort = 99,
                    Id = Guid.NewGuid(),
                    Icon = "SettingOutlined",
                    Path = "/System",
MenuType = Enums.MenuType.Menu,
                    Children = new List<Menu>
                    {
                        new Menu
                        {
                            Name = "UserManage",
                            DisplayName = "用户管理",
                            Sort = 0,
                            Id = Guid.NewGuid(),
                            Path = "/System/User",
MenuType = Enums.MenuType.Page
                        },
                        new Menu
                        {
                            Name = "RoleManage",
                            DisplayName = "角色管理",
                            Sort = 1,
                            Id = Guid.NewGuid(),
                            Path = "/System/Role",
MenuType = Enums.MenuType.Page,
                        },
                        new Menu
                        {
                            Name = "PermissionManage",
                            DisplayName = "权限管理",
                            Sort = 2,
                            Id = Guid.NewGuid(),
                            Path = "/System/Permission",
MenuType = Enums.MenuType.Page
```

```
                    },
                    new Menu
                    {
                        Name = "MenuManage",
                        DisplayName = "菜单管理",
                        Sort = 3,
                        Id = Guid.NewGuid(),
                        Path = "/System/Menu",
    MenuType = Enums.MenuType.Page
                    },
                    new Menu
                    {
                        Name = "LocalizationManage",
                        DisplayName = "多语言管理",
                        Sort = 4,
                        Id = Guid.NewGuid(),
                        Path = "/System/Localization",
    MenuType = Enums.MenuType.Page
                    },
                }
            }, true, cancellationToken: cancellationToken);
        }
    }
}
```

这里菜单初始化基础管理后台页面所需的菜单。

启动程序后，打开数据库。

如图 18-7~图 18-10 可以看到数据初始化成功。

对象	Roles @main (124123123) - 表					
开始事务	文本 ▾ 筛选 排序 导入 导出					
Id		RoleType	Name	NormalizedName	ConcurrencyStamp	
a7b0af79-bd63-49cf-919d-b014616858fe		0	admin	ADMIN	(Null)	
3ee78eb2-1c5c-4e69-a390-560ee4d9f6e0		1	user	USER	(Null)	

• 图 18-7

对象	Users @main (124123123) - 表					
开始事务	文本 ▾ 筛选 排序 导入 导出					
Id		CreationTime	UserName	NormalizedUserName	Email	NormalizedEmail	EmailC
38c1345f-6989-4e07-9fc2-0494f3f76129		2023-09-28 09:54:06.0217894+08:00	admin	ADMIN	13659007t	136590076@QQ.COM	

• 图 18-8

• 图 18-9

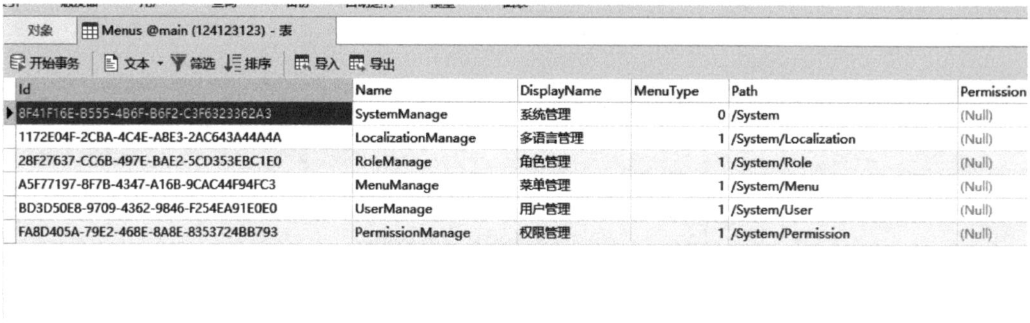

Id	Name	DisplayName	MenuType	Path	Permission
8F41F16E-B555-4B6F-B6F2-C3F6323362A3	SystemManage	系统管理	0	/System	(Null)
1172E04F-2CBA-4C4E-A8E3-2AC643A44A4A	LocalizationManage	多语言管理	1	/System/Localization	(Null)
2BF27637-CC6B-497E-BAE2-5CD353EBC1E0	RoleManage	角色管理	1	/System/Role	(Null)
A5F77197-8F7B-4347-A16B-9CAC44F94FC3	MenuManage	菜单管理	1	/System/Menu	(Null)
BD3D50E8-9709-4362-9846-F254EA91E0E0	UserManage	用户管理	1	/System/User	(Null)
FA8D405A-79E2-468E-8A8E-8353724BB793	PermissionManage	权限管理	1	/System/Permission	(Null)

• 图 18-10

这样就完成了种子数据的实现。

18.4 集成 GraphQL

GraphQL 是一种用于构建 Api 的查询语言和运行时环境。它由 Facebook 开发并于 2015 年开源，现在已经成为许多应用程序的首选 Api 技术。

▶▶ 18.4.1 对比 GraphQL 和 WebApi

先简单对比一下 GraphQL 和 WebAPI：

GraphQL 和 Web Api（如 RESTful API）是用于构建和提供 Web 服务的不同技术。

（1）数据获取方式。

Web Api：通常使用 RESTful Api，客户端通过发送 HTTP 请求（如 GET、POST、PUT、DELETE）来获取特定的数据。每个请求通常返回一个固定的数据结构，包含在响应的主体中。

GraphQL：客户端可以使用 GraphQL 查询语言来精确指定需要的数据。客户端发送一个 GraphQL 查询请求，服务器根据查询的结构和字段来返回相应的数据。

（2）数据获取效率。

Web Api：每个请求返回的数据通常是预定义的，无论客户端需要的数据量大小，服务器都会返回相同的数据结构。这可能导致客户端获取到不必要的数据，或者需要发起多个请求来获取所需数据。

GraphQL：客户端可以精确指定需要的数据，避免了不必要的数据传输。客户端可以在一个请求中获取多个资源，并且可以根据需要进行字段选择、过滤、排序等操作，从而提高数据获取效率。

（3）版本管理。

Web Api：通常使用 URL 版本控制或者自定义的 HTTP 头来管理 Api 的版本。当 Api 发生变化时，可能需要创建新的 URL 或者 HTTP 头来支持新的版本。

GraphQL：GraphQL 中没有显式的版本控制机制，而是通过向现有的类型和字段添加新的字段来扩展现有的 Api。这样可以避免创建多个不同版本的 Api。

（4）客户端开发体验。

Web Api：客户端需要根据 Api 的文档来构造请求和解析响应。客户端需要手动处理不同的 Api 端点和数据结构。

GraphQL：客户端可以使用 GraphQL 的强类型系统和自动生成的代码工具来进行开发。客户端可以根据 GraphQL 的模式自动生成类型定义和查询代码，并提供了更好的开发体验和类型安全性。

在前面基础框架是基于 WebAPI（REST FUL Api）的模式去开发接口的，所有的响应数据都需要定义一个 DTO 结构，但是有些场景可能只需要某些字段，而后端又懒得定义新数据接口对接，这就会导致客户端获取到不必要的数据。在这种情况下，使用 GraphQL 就可以有较好的体验。

那么在现有写好的 Service 中，如何快速集成 GraphQL 又无须复杂编码工作呢。这就是接下来要实现的了。

▶▶ 18.4.2 集成 HotChocolate.AspNetCore

HotChocolate.AspNetCore 是 .NET 一个老牌的 GraphQL 实现库，它可以快速实现一个 GraphQLServer。安装 HotChocolate.AspNetCore 的 Nuget，在 Program 中添加代码。

```
builder.Services.AddGraphQLServer()
```

```
app.MapGraphQL();
```

这样就完成了一个 GraphQLServer 的集成。

启动程序，访问 https://localhost:7080/graphql/ 可以看到集成的界面，如图 18-11 所示。可

以使用这个界面操作测试 GraphQL 查询。

● 图 18-11

▶▶ 18.4.3 实现 QueryType

接下来实现一个基础的 QueryType，用于扩展查询。

```
using HotChocolate.Authorization;
namespace Wheel.Graphql
{
    [Authorize]
    public class Query : IQuery
    {
    }
    [InterfaceType]
    public interface IQuery
    {
    }
}
```

在 AddGraphQLServer( ) 后面添加代码。

```
builder.Services.AddGraphQLServer()
        .AddQueryType<Query>()
    ;
```

使用 ExtendObjectType 扩展 Query 类，方便接口拆分。

```
public interface IQueryExtendObjectType
{
}
[ExtendObjectType(typeof(IQuery))]
public class SampleQuery : IQueryExtendObjectType
{
    public List<string> Sample()
    {
        return new List<string> { "sample1", "sample2" };
    }
}
[ExtendObjectType(typeof(IQuery))]
public class Sample2Query : IQueryExtendObjectType
{
    public string Sample2(string id)
    {
        return id;
    }
}
```

这里创建一个 IQueryExtendObjectType 空接口，用于获取所有需要扩展的 QueryAPI。

约定所有扩展的 Query 需要继承 IQueryExtendObjectType 接口，并加上 ExtendObjectType 特性标签。

封装 AddGraphQLServer 方法：

```
using HotChocolate.Execution.Configuration;
using System.Reflection;
namespace Wheel.Graphql
{
    public static class GraphQLExtensions
    {
        public static IRequestExecutorBuilderAddWheelGraphQL(this
IServiceCollection services)
        {
            var result = services.AddGraphQLServer()
            .AddQueryType<Query>()
            ;

            var abs =
Directory.GetFiles(AppDomain.CurrentDomain.BaseDirectory, "*.dll")
                        .Where(x => !x.Contains("Microsoft.")
&& !x.Contains("System."))
```

```
            .Select(x
=>Assembly.Load(AssemblyName.GetAssemblyName(x))).ToArray();
        var types = abs.SelectMany(ab =>ab.GetTypes()
            .Where(t =>typeof(IQueryExtendObjectType).IsAssignableFrom(t)
&&typeof(IQueryExtendObjectType) != t));
        if (types.Any())
        {
            result = result.AddTypes(types.ToArray());
        }
        return result;
    }
  }
}
```

遍历所有 IQueryExtendObjectType 并加入 GraphQLServer。

启动项目访问 https://localhost:7080/graphql/

可以看到 Schema Definition 自动生成了两个查询，如图 18-12 所示。

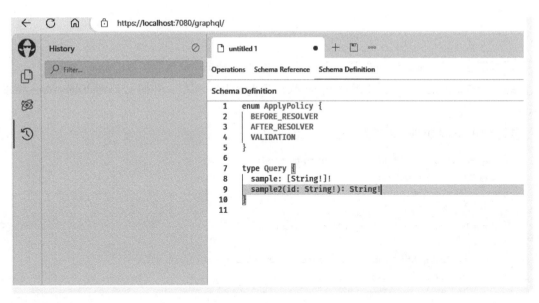

● 图 18-12

▶▶ 18.4.4 添加授权

安装 HotChocolate.AspNetCore.Authorization 的 Nuget 包。

在 services.AddGraphQLServer() 后面添加代码.AddAuthorization()。

```csharp
using HotChocolate.Execution.Configuration;
using System.Reflection;
namespace Wheel.Graphql
{
    public static class GraphQLExtensions
    {
        public static IRequestExecutorBuilderAddWheelGraphQL(this
IServiceCollection services)
        {
            var result = services.AddGraphQLServer()
            .AddAuthorization()
            .AddQueryType<Query>()
            ;
            var abs =
Directory.GetFiles(AppDomain.CurrentDomain.BaseDirectory, "*.dll")
                        .Where(x => !x.Contains("Microsoft.")
&& !x.Contains("System."))
                        .Select(x
=>Assembly.Load(AssemblyName.GetAssemblyName(x))).ToArray();
            var types = abs.SelectMany(ab =>ab.GetTypes()
                .Where(t =>typeof(IQueryExtendObjectType).IsAssignableFrom(t)
&&typeof(IQueryExtendObjectType) != t));
            if (types.Any())
            {
                result = result.AddTypes(types.ToArray());
            }
            return result;
        }
    }
}
```

未登录前执行查询，通过图 18-13 可以看到响应 Error。

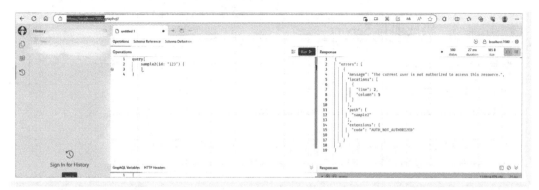

• 图 18-13

获取一个 Token 之后配置一下，如图 18-14 所示。

● 图 18-14

再次请求，可以看到正常查询，如图 18-15 所示。

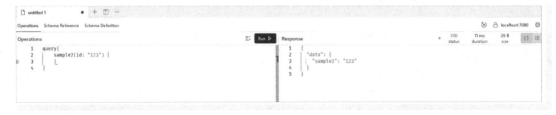

● 图 18-15

▶▶ 18.4.5 集成现有 Service

改造一下 SampleQuery。

```
[ExtendObjectType(typeof(IQuery))]
public class SampleQuery : IQueryExtendObjectType
{
    public async Task<List<GetAllPermissionDto>> Sample([Service]
IPermissionManageAppServicepermissionManageAppService)
    {
        var result = await permissionManageAppService.GetPermission();
```

```
        return result.Data;
    }
}
```

打开 https://localhost:7080/graphql/执行查询，可以看到正常返回，如图 18-16 所示。

● 图 18-16

当需要过滤掉某些字段时，只需要修改 Query 查询格式即可，如图 18-17 所示。

● 图 18-17

分页查询，添加一下 User 的分页查询代码。

```
public class SampleQuery : IQueryExtendObjectType
{
    public async Task<List<GetAllPermissionDto>> Sample([Service]
IPermissionManageAppServicepermissionManageAppService)
    {
```

```
        var result = await permissionManageAppService.GetPermission();
        return result.Data;
    }
    public async Task<Page<UserDto>>SampleUser(UserPageRequestpageRequest,
[Service] IUserManageAppServiceuserManageAppService)
    {
        var result = await userManageAppService.GetUserPageList(pageRequest);
        return result;
    }
}
```

如图 18-18 所示，很简单就可以把现有的 Api 转换成 GraphQL。只不过一些排序分页逻辑没有采用 GraphQL 的方式，而是使用自己的 WebApi 分页查询的模式。

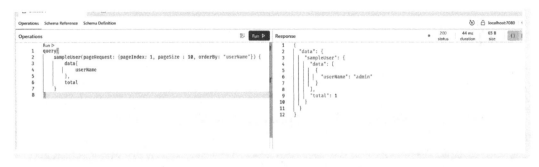

● 图 18-18

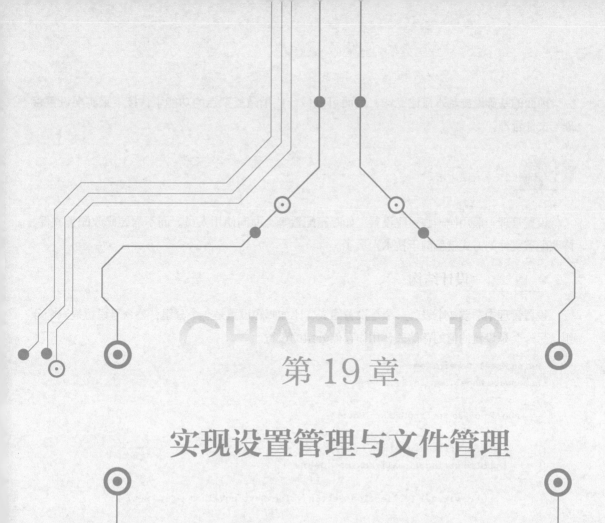

第 19 章

实现设置管理与文件管理

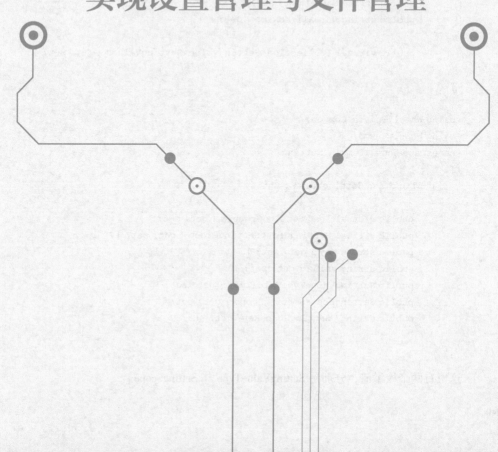

前面的基础设施基本搭建完毕，后面可以做一些稍微复杂点的功能了，接下来实现设置管理与文件管理。

19.1 设置管理

设置管理一般用作一些系统设置，如邮箱配置等，面向使用人员。而不需要修改配置文件，修改配置文件的方式就偏向于技术人员了。

▶▶ 19.1.1 设计结构

设置管理中需要 2 个表，一个是设置组表，比如邮箱设置是一个分组，公众号设置是一个分组。另一个是设置的值的存储表，用作存储分组的设置。

```
using Wheel.Domain.Common;
namespace Wheel.Domain.Settings
{
    public class SettingGroup : Entity
    {
        public string Name { get; set; }
        public string NormalizedName { get; set; }

        public virtual ICollection<SettingValue>SettingValues { get; set; }
    }
}


using Wheel.Domain.Common;
using Wheel.Enums;
namespace Wheel.Domain.Settings
{
    public class SettingValue : Entity
    {
        public virtual long SettingGroupId { get; set; }
        public virtual SettingGroupSettingGroup { get; set; }
        public string Key { get; set; }
        public string Value { get; set; }
        public SettingValueTypeValueType { get; set; }
        public SettingScopeSettingScope { get; set; }
        public string? SettingScopeKey{ get; set; }
    }
}
```

这里有两个枚举值，分别是 **SettingValueType** 和 **SettingScope**。

SettingValueType 是 Value 的类型，如字符串、布尔值、整型、浮点数，主要用于配合前端做页面展示格式，以及修改配置时的数据校验。

SettingScope 表示设置的生效范围，比如全局设置、用户设置等，SettingScopeKey 则用作存储范围关联的键值，比如用户范围，SettingScopeKey 就约定存 UserId 作为键值，当然也可以自己约定别的唯一数用作关联。后续都可以扩展。

```
namespace Wheel.Enums
{
    public enumSettingValueType
    {
        /// <summary>
        /// 布尔值
        /// </summary>
        Bool,
        /// <summary>
        /// 整型
        /// </summary>
        Int,
        /// <summary>
        /// 长整型
        /// </summary>
        Long,
        /// <summary>
        /// 64 位双精度浮点型
        /// </summary>
        Double,
        /// <summary>
        /// 128 位精确的十进制值
        /// </summary>
        Decimal,
        /// <summary>
        /// 字符串
        /// </summary>
        String,
        /// <summary>
        /// Json 对象
        /// </summary>
JsonObject
    }
}

namespace Wheel.Enums
{
```

```
public enumSettingScope
{
    /// <summary>
    /// 全局设置
    /// </summary>
    Global,
    /// <summary>
    /// 用户设置
    /// </summary>
    User,
}
}
```

▶▶ 19.1.2 修改 DbContext 与配置表结构

在 DbContext 中添加代码。

```
#region Setting
public DbSet<SettingGroup>SettingGroups { get; set; }
public DbSet<SettingValue>SettingValues { get; set; }
#endregion
protected override void OnModelCreating(ModelBuilder builder)
{
base.OnModelCreating(builder);
ConfigureIdentity(builder);
ConfigureLocalization(builder);
ConfigurePermissionGrants(builder);
ConfigureMenus(builder);
ConfigureSettings(builder);
}
void ConfigureSettings(ModelBuilder builder)
{
builder.Entity<SettingGroup>(b =>
    {
b.HasKey(o =>o.Id);
b.Property(o =>o.Name).HasMaxLength(128);
b.Property(o =>o.NormalizedName).HasMaxLength(128);
b.HasMany(o =>o.SettingValues).WithOne(o =>o.SettingGroup);
b.HasIndex(o =>o.Name);
    });
builder.Entity<SettingValue>(b =>
    {
b.HasKey(o =>o.Id);
b.Property(o =>o.Key).HasMaxLength(128);
```

```
b.Property(o =>o.SettingScopeKey).HasMaxLength(128);
b.Property(o =>o.ValueType).HasMaxLength(2048);
b.HasOne(o =>o.SettingGroup).WithMany(o =>o.SettingValues);
b.HasIndex(o =>o.Key);
    });
}
```

然后执行数据库迁移命令，修改数据库即可。

▶▶ 19.1.3　实现 SettingManager

接下来实现一个 SettingManager，用于管理设置。

```
using HotChocolate.Types.Relay;
using System;
using System.Linq;
using Wheel.DependencyInjection;
using Wheel.Enums;
using Wheel.EventBus.Distributed;
using Wheel.EventBus.EventDatas;
using Wheel.Uow;
using Wheel.Utilities;
namespace Wheel.Domain.Settings
{
    public class SettingManager : ITransientDependency
    {
        private readonlyIBasicRepository<SettingGroup, long> _settingGroupRepository;
        private readonlyIBasicRepository<SettingValue, long> _settingValueRepository;
        private readonlyIUnitOfWork _unitOfWork;
        private readonlySnowflakeIdGenerator _snowflakeIdGenerator;
        private readonlyIDistributedEventBus _distributedEventBus;
        public SettingManager(IBasicRepository<SettingGroup,
long>settingGroupRepository, IBasicRepository<SettingValue,
long>settingValueRepository, IUnitOfWorkunitOfWork,
SnowflakeIdGeneratorsnowflakeIdGenerator,
IDistributedEventBusdistributedEventBus)
        {
            _settingGroupRepository = settingGroupRepository;
            _settingValueRepository = settingValueRepository;
            _unitOfWork = unitOfWork;
            _snowflakeIdGenerator = snowflakeIdGenerator;
            _distributedEventBus = distributedEventBus;
        }
        public async Task<T? >GetSettingValue<T>(string settingGroupName,
```

```
string settingKey, SettingScopesettingScope = SettingScope.Golbal, string?
settingScopeKey = null, CancellationTokencancellationToken = default)
        {
            var settingGroup = await _settingGroupRepository.FindAsync(a
=>a.Name == settingGroupName, cancellationToken);
            if (settingGroup is null)
            {
                throw new ArgumentException($"SettingGroup: {settingGroup} Not Exist.");
            }
            var settingValue = settingGroup?.SettingValues.FirstOrDefault(a =>a.Key ==
settingKey&&a.SettingScope == settingScope&&a.SettingScopeKey == settingScopeKey);
            if (settingValue is null)
                return default;
            if(settingValue.ValueType == SettingValueType.JsonObject)
                return settingValue.Value.ToObject<T>();
            return (T)Convert.ChangeType(settingValue, typeof(T));
        }
        public async Task<SettingValue? >GetSettingValue(string
settingGroupName, string settingKey, SettingScopesettingScope =
SettingScope.Golbal, string? settingScopeKey = null,
CancellationTokencancellationToken = default)
        {
            var settingGroup = await _settingGroupRepository.FindAsync(a
=>a.Name == settingGroupName, cancellationToken);
            if (settingGroup is null)
            {
                throw new ArgumentException($"SettingGroup: {settingGroup} Not Exist.");
            }
            var settingValue = settingGroup?.SettingValues.FirstOrDefault(a =>a.Key ==
settingKey&&a.SettingScope == settingScope&&a.SettingScopeKey == settingScopeKey);
            return settingValue;
        }
        public async Task<List<SettingValue>? >GetSettingValues(string
settingGroupName, SettingScopesettingScope = SettingScope.Golbal, string?
settingScopeKey = null, CancellationTokencancellationToken = default)
        {
            var settingGroup = await _settingGroupRepository.FindAsync(a
=>a.Name == settingGroupName, cancellationToken);
            if (settingGroup is null)
            {
                throw new ArgumentException($"SettingGroup: {settingGroup} Not Exist.");
            }
            var settingValues = settingGroup?.SettingValues.Where(a
=>a.SettingScope == settingScope&&a.SettingScopeKey ==
```

```
settingScopeKey).ToList();
            return settingValues;
        }
        public async Task SetSettingValue(string settingGroupName,
SettingValuesettingValue, CancellationTokencancellationToken = default)
        {
            using (var uow = await
_unitOfWork.BeginTransactionAsync(cancellationToken))
            {
                try
                {
                    var settingGroup = await
_settingGroupRepository.FindAsync(a =>a.Name == settingGroupName,
cancellationToken);
                    if (settingGroup is null)
settingGroup = await _settingGroupRepository.InsertAsync(new SettingGroup { Id
= _snowflakeIdGenerator.Create(), Name = settingGroupName, NormalizedName =
settingGroupName.ToUpper() }, cancellationToken: cancellationToken);

CheckSettingValueType(settingValue.Value, settingValue.ValueType);
                    var sv = await
_settingValueRepository.FindAsync(a=>a.SettingGroupId ==
settingGroup.Id&&a.Id == settingValue.Id, cancellationToken);
                    if(sv is null)
                    {
settingValue.Id = _snowflakeIdGenerator.Create();
settingValue.SettingGroupId = settingGroup.Id;
                        await
_settingValueRepository.InsertAsync(settingValue, cancellationToken:
cancellationToken);
                    }
                    else
                        await
_settingValueRepository.UpdateAsync(settingValue, cancellationToken:
cancellationToken);

                    await uow.CommitAsync(cancellationToken);
                    await _distributedEventBus.PublishAsync(new
UpdateSettingEventData() { GroupName = settingGroupName, SettingScope =
settingValue.SettingScope, SettingScopeKey = settingValue.SettingScopeKey });
                }
                catch(Exception ex)
                {
                    await uow.RollbackAsync(cancellationToken);
```

```
            ex.ReThrow();
                    }
            }
        }
        public async Task SetSettingValues(string settingGroupName,
    List<SettingValue>settingValues, CancellationTokencancellationToken = default)
        {
            using (var uow = await
    _unitOfWork.BeginTransactionAsync(cancellationToken))
            {
                try
                {
                    var settingGroup = await
    _settingGroupRepository.FindAsync(a =>a.Name == settingGroupName,
    cancellationToken);
                    if (settingGroup is null)
    settingGroup = await _settingGroupRepository.InsertAsync(new SettingGroup { Id
    = _snowflakeIdGenerator.Create(), Name = settingGroupName, NormalizedName =
    settingGroupName.ToUpper() }, true, cancellationToken: cancellationToken);
                    foreach (var settingValue in settingValues)
                    {
    CheckSettingValueType(settingValue.Value, settingValue.ValueType);
                        var sv = await _settingValueRepository.FindAsync(a
    =>a.SettingGroupId == settingGroup.Id&&a.Id == settingValue.Id, cancellationToken);
                        if (sv is null)
                        {
    settingValue.Id = _snowflakeIdGenerator.Create();
    settingValue.SettingGroupId = settingGroup.Id;
                            await
    _settingValueRepository.InsertAsync(settingValue, cancellationToken:
    cancellationToken);
                        }
                        else
                            await
    _settingValueRepository.UpdateAsync(settingValue, cancellationToken:
    cancellationToken);
                    }

                    await uow.CommitAsync(cancellationToken);
                    await _distributedEventBus.PublishAsync(new
    UpdateSettingEventData() { GroupName = settingGroupName, SettingScope =
    settingValues.First().SettingScope, SettingScopeKey =
    settingValues.First().SettingScopeKey });
                }
```

```
            catch (Exception ex)
            {
                await uow.RollbackAsync(cancellationToken);
ex.ReThrow();
            }
        }
    }
    private void CheckSettingValueType(string settingValue,
SettingValueTypesettingValueType)
    {
        switch (settingValueType)
        {
        case SettingValueType.String:
        case SettingValueType.JsonObject:
            return;
        case SettingValueType.Bool:
            if(bool.TryParse(settingValue, out var _))
            {
                return;
            }
            else
            {
                throw new ArgumentException($"SettingValue:
{settingValue} Can Not Parse To Bool Type");
            }
        case SettingValueType.Int:
            if (int.TryParse(settingValue, out var _))
            {
                return;
            }
            else
            {
                throw new ArgumentException($"SettingValue:
{settingValue} Can Not Parse To Int Type");
            }
        case SettingValueType.Long:
            if (long.TryParse(settingValue, out var _))
            {
                return;
            }
            else
            {
                throw new ArgumentException($"SettingValue:
{settingValue} Can Not Parse To Long Type");
```

```
                }
            case SettingValueType.Double:
                if (double.TryParse(settingValue, out var _))
                {
                    return;
                }
                else
                {
                    throw new ArgumentException($"SettingValue:
{settingValue} Can Not Parse To Double Type");
                }
            case SettingValueType.Decimal:
                if (decimal.TryParse(settingValue, out var _))
                {
                    return;
                }
                else
                {
                    throw new ArgumentException($"SettingValue:
{settingValue} Can Not Parse To Decimal Type");
                }
        }
    }
}
```

这里 CheckSettingValueType 就是根据 SettingValueType 做数据校验，如果不符合条件，则拒绝修改。

到此数据库的设置管理操作基本完成。

▶▶ 19.1.4 设置定义

数据库完成之后，接下来就是业务层面的事情了，这里定义一个 ISettingDefinition 接口，用作设置组结构的基本定义和作用范围，比如邮箱设置里面包含参数值、类型、默认值等。

ISettingDefinition 实现代码如下：

```
using Wheel.DependencyInjection;
using Wheel.Enums;
namespace Wheel.Settings
{
    public interface ISettingDefinition :ITransientDependency
    {
        string GroupName { get; }
```

```
SettingScopeSettingScope { get; }
ValueTask<Dictionary<string, SettingValueParams>> Define();
    }
}
```

EmailSettingDefinition 实现代码如下：

```
using Wheel.Enums;
namespace Wheel.Settings.Email
{
    public class EmailSettingDefinition : ISettingDefinition
    {
        public string GroupName => "EmailSetting";
        public SettingScopeSettingScope =>SettingScope.Golbal;
        public ValueTask<Dictionary<string, SettingValueParams>> Define()
        {
            return ValueTask.FromResult(new Dictionary<string, SettingValueParams>
            {
                { "SenderName", new(SettingValueType.String, "Wheel") },
                { "Host", new(SettingValueType.String, "smtp.exmail.qq.com") },
                { "Prot", new(SettingValueType.Int, "465") },
                { "UserName", new(SettingValueType.String) },
                { "Password", new(SettingValueType.String) },
                { "UseSsl", new(SettingValueType.Bool, "true") },
            });
        }
    }
}
```

```
public recordSettingValueParams(SettingValueTypeSettingValueType, string? DefalutValue
= null, string? SettingScopeKey = null);
```

可以看到这里邮件的设置定义：

GroupName 指定是 EmailSetting 这个分组。

SettingScope 指定是全局范围的设置。

SettingValueParams 是一个 record 结构，包含设置值的类型、默认值以及范围的 Key 值。

Define 里面是一个字典结构，里面定义了邮件发送设置所需要的所有参数以及默认值。

SettingDefinition 的作用更多在于当数据库没有存储数据时，作为一个默认的结构以及默认值取用。

▶▶ 19.1.5　**SettingManage**

接下来就需要提供 API 给客户端交互了，两个接口即可满足，一个用于获取设置，一个用于修改设置。

ISettingManageAppService 实现代码如下：

```
using Wheel.Core.Dto;
using Wheel.DependencyInjection;
using Wheel.Enums;
using Wheel.Services.SettingManage.Dtos;
namespace Wheel.Services.SettingManage
{
    public interface ISettingManageAppService : ITransientDependency
    {

Task<R<List<SettingGroupDto>>>GetAllSettingGroup(SettingScopesettingScope =
SettingScope.Golbal);
        Task<R>UpdateSettings(SettingGroupDtosettingGroupDto,
SettingScopesettingScope = SettingScope.Golbal);
    }
}
```

SettingManageAppService 实现代码如下：

```
using Wheel.Core.Dto;
using Wheel.Domain.Settings;
using Wheel.Domain;
using Wheel.Enums;
using Wheel.Services.SettingManage.Dtos;
using Wheel.Settings;
namespace Wheel.Services.SettingManage
{
    public class SettingManageAppService : WheelServiceBase, ISettingManageAppService
    {
        private readonlyIBasicRepository<SettingGroup, long> _settingGroupRepository;
        private readonlyIBasicRepository<SettingValue, long> _settingValueRepository;
        private readonlySettingManager _settingManager;
        public SettingManageAppService(IBasicRepository<SettingGroup,
long>settingGroupRepository, IBasicRepository<SettingValue,
long>settingValueRepository, SettingManagersettingManager)
        {
            _settingGroupRepository = settingGroupRepository;
            _settingValueRepository = settingValueRepository;
            _settingManager = settingManager;
        }
        public async
Task<R<List<SettingGroupDto>>>GetAllSettingGroup(SettingScopesettingScope =
SettingScope.Golbal)
```

```
        {
            var settingDefinitions =
ServiceProvider.GetServices<ISettingDefinition>().Where(a =>a.SettingScope ==
settingScope);
            var settingGroups = await _settingGroupRepository.GetListAsync(a
=>a.SettingValues.Any(a =>a.SettingScope == settingScope&& (settingScope ==
SettingScope.User ? a.SettingScopeKey == CurrentUser.Id : a.SettingScopeKey ==
null)));
            foreach (var settingDefinition in settingDefinitions)
            {
                if (settingGroups.Any(a =>a.Name == settingDefinition.GroupName))
                    continue;
                else
                {
                    var group = new SettingGroup
                    {
                        Name = settingDefinition.GroupName,
NormalizedName = settingDefinition.GroupName.ToUpper(),
SettingValues = new List<SettingValue>()
                    };
                    foreach (var settings in await settingDefinition.Define())
                    {
group.SettingValues.Add(new SettingValue
                        {
                            Key = settings.Key,
                            Value = settings.Value.DefalutValue,
ValueType = settings.Value.SettingValueType,
SettingScopeKey = settings.Value.SettingScopeKey,
SettingScope = settingScope
                        });
                    }
settingGroups.Add(group);
                }
            }
            var settingGroupDtos =
Mapper.Map<List<SettingGroupDto>>(settingGroups);
            return new R<List<SettingGroupDto>>(settingGroupDtos);
        }
        public async Task<R>UpdateSettings(SettingGroupDtosettingGroupDto,
SettingScopesettingScope = SettingScope.Golbal)
        {
            var settings =
Mapper.Map<List<SettingValue>>(settingGroupDto.SettingValues);
settings.ForEach(a =>
```

```
                {
    a.SettingScope = settingScope;
    a.SettingScopeKey = settingScope == SettingScope.User ? CurrentUser.Id : null;
            });
            await _settingManager.SetSettingValues(settingGroupDto.Name, settings);
            return new R();
        }
    }
}
```

这里可以看到 GetAllSettingGroup 的实现，当数据库取值没有改设置组数据时，获取 Setting-Definition 的结构返回给客户端。

SettingManageController 很简单，就是包装 ISettingManageAppService 暴露 API 出去即可。

```
using Microsoft.AspNetCore.Mvc;
using Wheel.Core.Dto;
using Wheel.Enums;
using Wheel.Services.SettingManage;
using Wheel.Services.SettingManage.Dtos;
namespace Wheel.Controllers
{
    /// <summary>
    /// 设置管理
    /// </summary>
    [Route("api/[controller]")]
    [ApiController]
    public class SettingManageController : WheelControllerBase
    {
        private readonlyISettingManageAppService _settingManageAppService;
        public SettingManageController(ISettingManageAppServicesettingManageAppService)
        {
            _settingManageAppService = settingManageAppService;
        }
        /// <summary>
        /// 获取所有设置
        /// </summary>
        /// <param name="settingScope">设置范围</param>
        /// <returns></returns>
        [HttpGet()]
        public
Task<R<List<SettingGroupDto>>>GetAllSettingGroup(SettingScopesettingScope =
SettingScope.Golbal)
        {
            return _settingManageAppService.GetAllSettingGroup(settingScope);
```

```
        }
        /// <summary>
        /// 更新设置
        /// </summary>
        /// <param name="settingGroupDto">设置组数据</param>
        /// <param name="settingScope">设置范围</param>
        /// <returns></returns>
        [HttpPut("{settingScope}")]
        public Task<R>UpdateSettings(SettingGroupDtosettingGroupDto,
SettingScopesettingScope)
        {
            return _settingManageAppService.UpdateSettings(settingGroupDto,
settingScope);
        }
    }
}
```

到此与客户端的交互 API 完成了。

▶▶ 19.1.6 SettingProvider

接下来需要实现一个给内部业务获取设置的工具。

SettingProvider 用作程序内获取对应设置。直接封装获取全局设置或用户设置。

```
using Wheel.DependencyInjection;
namespace Wheel.Settings
{
    public interface ISettingProvider : ITransientDependency
    {
        public Task<Dictionary<string, string>>GetGolbalSettings(string
groupKey, CancellationTokencancellationToken = default);
        public Task<string>GetGolbalSetting(string groupKey, string
settingKey, CancellationTokencancellationToken = default);
        public Task<T>GetGolbalSetting<T>(string groupKey, string settingKey,
CancellationTokencancellationToken = default) where T : struct;
        public Task<Dictionary<string, string>>GetUserSettings(string groupKey,
CancellationTokencancellationToken = default);
        public Task<string>GetUserSetting(string groupKey, string settingKey,
CancellationTokencancellationToken = default);
        public Task<T>GetUserSetting<T>(string groupKey, string settingKey,
CancellationTokencancellationToken = default) where T : struct;
    }
}
```

```csharp
using Microsoft.Extensions.Caching.Distributed;
using Wheel.Core.Users;
using Wheel.Domain.Settings;
using Wheel.Enums;
namespace Wheel.Settings
{
    public class DefaultSettingProvider : ISettingProvider
    {
        private readonly SettingManager _settingManager;
        private readonly IDistributedCache _distributedCache;
        private readonly ICurrentUser _currentUser;
        private readonly IServiceProvider _serviceProvider;
        public DefaultSettingProvider(SettingManager settingManager,
IDistributedCache distributedCache, ICurrentUser currentUser,
IServiceProvider serviceProvider)
        {
            _settingManager = settingManager;
            _distributedCache = distributedCache;
            _currentUser = currentUser;
            _serviceProvider = serviceProvider;
        }
        public async Task<string> GetGolbalSetting(string groupKey, string settingKey,
CancellationToken cancellationToken = default)
        {
            var settings = await GetGolbalSettings(groupKey, cancellationToken);
            return settings[settingKey];
        }
        public async Task<T> GetGolbalSetting<T>(string groupKey, string settingKey,
CancellationToken cancellationToken = default) where T : struct
        {
            var settings = await GetGolbalSettings(groupKey, cancellationToken);
            return settings[settingKey].To<T>();
        }
        public async Task<Dictionary<string, string>> GetGolbalSettings(string groupKey,
CancellationToken cancellationToken = default)
        {
            var cacheSettings = await GetCacheItem(groupKey, SettingScope.Golbal,
cancellationToken: cancellationToken);
            if(cacheSettings is null)
            {
                var dbSettings = await _settingManager.GetSettingValues(groupKey,
SettingScope.Golbal, cancellationToken: cancellationToken);
                if(dbSettings is null)
                {
```

```
                    var settingDefinition =
_serviceProvider.GetServices<ISettingDefinition>().FirstOrDefault(a =>a.GroupName ==
groupKey&&a.SettingScope == SettingScope.Golbal);
                if(settingDefinition is null)
                    return new();
                else
                {
                    var setting = await settingDefinition.Define();
                    return setting.ToDictionary(a =>a.Key, a
=>a.Value.DefalutValue)!;
                }
            }
            return dbSettings.ToDictionary(a =>a.Key, a =>a.Value);
        }
        else
        {
            return cacheSettings.ToDictionary(a =>a.Key, a =>a.Value);
        }
    }
    public async Task<string>GetUserSetting(string groupKey, string
settingKey, CancellationTokencancellationToken = default)
    {
        var settings = await GetUserSettings(groupKey, cancellationToken);
        return settings[settingKey];
    }
    public async Task<T>GetUserSetting<T>(string groupKey, string
settingKey, CancellationTokencancellationToken = default) where T : struct
    {
        var settings = await GetUserSettings(groupKey, cancellationToken);
        return settings[settingKey].To<T>();
    }
    public async Task<Dictionary<string, string>>GetUserSettings(string groupKey,
CancellationTokencancellationToken = default)
    {
        var cacheSettings = await GetCacheItem(groupKey, SettingScope.User,
settingScopeKey: _currentUser.Id, cancellationToken: cancellationToken);
        if (cacheSettings is null)
        {
            var dbSettings = await
_settingManager.GetSettingValues(groupKey, SettingScope.User,
settingScopeKey: _currentUser.Id, cancellationToken: cancellationToken);
            if (dbSettings is null)
            {
                var settingDefinition =
```

```
_serviceProvider.GetServices<ISettingDefinition>().FirstOrDefault(a
=>a.GroupName == groupKey&&a.SettingScope == SettingScope.User);
                if (settingDefinition is null)
                    return new();
                else
                {
                    var setting = await settingDefinition.Define();
                    return setting.ToDictionary(a =>a.Key, a
=>a.Value.DefalutValue)!;
                }
            }
            return dbSettings.ToDictionary(a =>a.Key, a =>a.Value);
        } else
        {
            return cacheSettings.ToDictionary(a =>a.Key, a =>a.Value);
        }
    }
    private async Task<List<SettingValueCacheItem>>GetCacheItem(string
groupKey, SettingScopesettingScope, string settingScopeKey = null,
CancellationTokencancellationToken = default)
    {
        var cacheKey = BuildCacheKey(groupKey, settingScope, settingScopeKey);
        return await
_distributedCache.GetAsync<List<SettingValueCacheItem>>(cacheKey, cancellationToken);
    }
    private string BuildCacheKey(string groupKey,
SettingScopesettingScope, string settingScopeKey)
    {
        return $"{groupKey}:{settingScope}"+ (settingScope ==
SettingScope.Golbal ? "" : $":{settingScopeKey}");
    }
    }
}


using Wheel.Domain.Settings;
using Wheel.Enums;
namespace Wheel.Settings
{
    public class SettingValueCacheItem
    {
        public string Key { get; set; }
        public string Value { get; set; }
        public SettingValueTypeValueType { get; set; }
    }
}
```

这里获取设置时优先从缓存读取，若缓存没有，则读取数据库，若数据库再没有，则从 Set-

tingDefintion 中获取默认值。

那么缓存数据从哪里来呢？可以看到上面 **SettingManager** 的修改设置的方法中有一行代码，这里通过消息队列，通知更新缓存：

```
await _distributedEventBus.PublishAsync(new UpdateSettingEventData()
{ GroupName = settingGroupName, SettingScope =
settingValues.First().SettingScope, SettingScopeKey =
settingValues.First().SettingScopeKey });
```

▶▶ 19.1.7　UpdateSettingEvent

接下来实现更新设置的时间处理功能。实现代码如下：

```
using Wheel.Enums;
namespace Wheel.EventBus.EventDatas
{
    [EventName("UpdateSetting")]
    public class UpdateSettingEventData
    {
        public string GroupName { get; set; }
        public SettingScopeSettingScope { get; set; }
        public string? SettingScopeKey{ get; set; }
    }
}


usingAutoMapper;
using Microsoft.Extensions.Caching.Distributed;
using Wheel.DependencyInjection;
using Wheel.Domain.Settings;
using Wheel.EventBus.Distributed;
using Wheel.EventBus.EventDatas;
using Wheel.Services.SettingManage.Dtos;


namespace Wheel.EventBus.Handlers
{
    public class UpdateSettingEventHandler :
IDistributedEventHandler<UpdateSettingEventData>, ITransientDependency
    {
        private readonlySettingManager _settingManager;
        private readonlyIDistributedCache _distributedCache;
        private readonlyIMapper _mapper;
        public UpdateSettingEventHandler(SettingManagersettingManager,
IDistributedCachedistributedCache, IMapper mapper)
        {
            _settingManager = settingManager;
```

```
        _distributedCache = distributedCache;
        _mapper = mapper;
    }
    public async Task Handle(UpdateSettingEventDataeventData,
CancellationTokencancellationToken = default)
    {
        var settings = await
_settingManager.GetSettingValues(eventData.GroupName, eventData.SettingScope,
eventData.SettingScopeKey, cancellationToken);

        await
_distributedCache.SetAsync($"Setting:{eventData.GroupName}:{eventData.SettingScope}"
+ (eventData.SettingScope == Enums.SettingScope.Golbal ? "" : $":
{eventData.SettingScopeKey}"), _mapper.Map<List<SettingValueDto>>(settings));
    }
    }
}
```

UpdateSettingEventHandler 负责在设置更新之后, 获取最新的设置并直接放入缓存中。

只需一行代码将 SettingProvider 加入 WheelServiceBase 和 WheelControllerBase 中, 后续就可以很方便地获取设置, 不需要频繁在构造器注入:

```
public ISettingProviderSettingProvider =>LazyGetService<ISettingProvider>();
```

▶▶ 19.1.8 测试

启动程序, 测试一下获取设置值, 这里可以看到图 19-1, 通过 SettingProvider 成功读取了设置。

● 图 19-1

这样就完成了设置管理功能。

19.2 文件管理

前面完成了设置管理，接下来配合设置管理实现文件管理功能。

文件管理自然包括文件上传、下载以及文件存储功能。设计要求可以支持扩展多种存储服务，如本地文件、云存储等。

▶▶ 19.2.1 数据库设计

首先是数据库表设计，用于管理文件。创建一个文件信息存储表。

```
using Wheel.Domain.Common;
using Wheel.Enums;
namespace Wheel.Domain.FileStorages
{
    /// <summary>
    /// 文件信息存储表
    /// </summary>
    public class FileStorage : Entity, IHasCreationTime
    {
        /// <summary>
        /// 文件名
        /// </summary>
        public string FileName { get; set; }
        /// <summary>
        /// 文件类型 ContentType
        /// </summary>
        public string ContentType { get; set; }
        /// <summary>
        /// 文件类型
        /// </summary>
        public FileStorageTypeFileStorageType { get; set; }
        /// <summary>
        /// 大小
        /// </summary>
        public long Size { get; set; }
        /// <summary>
        /// 存储路径
        /// </summary>
        public string Path { get; set; }
        /// <summary>
```

```
        /// 创建时间
        /// </summary>
        public DateTimeOffsetCreationTime { get; set; }
        /// <summary>
        /// 存储类型
        /// </summary>
        public string Provider { get; set; }
    }
}


namespace Wheel.Enums
{
    public enumFileStorageType
    {
        /// <summary>
        /// 普通文件
        /// </summary>
        File = 0,
        /// <summary>
        /// 图片
        /// </summary>
        Image = 1,
        /// <summary>
        /// 视频
        /// </summary>
        Video = 2,
        /// <summary>
        /// 音频
        /// </summary>
        Audio = 3,
        /// <summary>
        /// 文本类型
        /// </summary>
        Text = 4,
    }
}
```

FileStorageType 是对 ContentType 类型的包装。后面可根据需求再加上细分类型。

```
using Wheel.Enums;
namespace Wheel.Domain.FileStorages
{
    public static class FileStorageTypeChecker
    {
```

```
public static FileStorageTypeCheckFileType(string contentType)
{
    return contentType switch
    {
        var _ when contentType.StartsWith("audio") =>FileStorageType.Audio,
        var _ when contentType.StartsWith("image") =>FileStorageType.Image,
        var _ when contentType.StartsWith("text") =>FileStorageType.Text,
        var _ when contentType.StartsWith("video") =>FileStorageType.Video,
        _ =>FileStorageType.File
    };
}
}
```

Provider 对应不同的存储服务，如 Minio 等。

▶▶ 19.2.2　修改 DbContext 与配置表结构

在 DbContext 中添加代码：

```
#regionFileStorage
public DbSet<FileStorage>FileStorages { get; set; }
#endregion
protected override void OnModelCreating(ModelBuilder builder)
{
base.OnModelCreating(builder);
ConfigureIdentity(builder);
ConfigureLocalization(builder);
ConfigurePermissionGrants(builder);
ConfigureMenus(builder);
ConfigureSettings(builder);
ConfigureFileStorage(builder);
}
void ConfigureFileStorage(ModelBuilder builder)
{
builder.Entity<FileStorage>(b =>
    {
b.HasKey(o =>o.Id);
b.Property(o =>o.FileName).HasMaxLength(256);
b.Property(o =>o.Path).HasMaxLength(256);
b.Property(o =>o.ContentType).HasMaxLength(32);
b.Property(o =>o.Provider).HasMaxLength(32);
    });
}
```

然后执行数据库迁移操作即可完成表创建。

▶▶ 19.2.3 FileStorageProvider

接下来实现文件存储的 Provider，首先创建一个 IFileStorageProvider 基础接口。

```
using Wheel.DependencyInjection;
namespace Wheel.FileStorages
{
    public interface IFileStorageProvider :ITransientDependency
    {
        string Name { get; }
        Task<UploadFileResult> Upload(UploadFileArgsuploadFileArgs,
CancellationTokencancellationToken = default);
        Task<DownFileResult> Download(DownloadFileArgsdownloadFileArgs,
CancellationTokencancellationToken = default);
        Task<object>GetClient();
        void ConfigureClient<T>(Action<T> configure);
    }
}
```

提供定义名称，上传下载，以及获取 Provider 的 Client 和配置 Provider 中的 Client 的方法。

▶▶ 19.2.4 实现 FileProviderSettingDefinition 文件上传设置定义

接下来实现文件存储的 Provider，首先创建一个 IFileStorageProvider 基础接口。

```
using Wheel.DependencyInjection;
namespace Wheel.FileStorages
{
    public interface IFileStorageProvider :ITransientDependency
    {
        string Name { get; }
        Task<UploadFileResult> Upload(UploadFileArgsuploadFileArgs,
CancellationTokencancellationToken = default);
        Task<DownFileResult> Download(DownloadFileArgsdownloadFileArgs,
CancellationTokencancellationToken = default);
        Task<object>GetClient();
        void ConfigureClient<T>(Action<T> configure);
    }
}
```

提供定义名称，上传下载，以及获取 Provider 的 Client 和配置 Provider 中的 Client 的方法。

▶▶ 19.2.5 实现 MinioFileStorageProvider 文件上传提供程序

接下来实现一个 MinioFileStorageProvider。

```
using Minio;
using Minio.DataModel.Args;
using Minio.Exceptions;
using Wheel.Settings;
namespace Wheel.FileStorages.Providers
{
    public class MinioFileStorageProvider : IFileStorageProvider
    {
        private readonlyISettingProvider _settingProvider;
        private readonlyILogger<MinioFileStorageProvider> _logger;
        public MinioFileStorageProvider(ISettingProvidersettingProvider,
ILogger<MinioFileStorageProvider> logger)
        {
            _settingProvider = settingProvider;
            _logger = logger;
        }
        public string Name => "Minio";
        internal Action<IMinioClient>? Configure { get; private set; }
        public async Task<UploadFileResult>
Upload(UploadFileArgsuploadFileArgs, CancellationTokencancellationToken = default)
        {
            var client = await GetMinioClient();
            try
            {
                // Make a bucket on the server, if not already present.
                var beArgs = new BucketExistsArgs()
                    .WithBucket(uploadFileArgs.BucketName);
                bool found = await client.BucketExistsAsync(beArgs,
cancellationToken).ConfigureAwait(false);
                if (!found)
                {
                    var mbArgs = new MakeBucketArgs()
                        .WithBucket(uploadFileArgs.BucketName);
                    await client.MakeBucketAsync(mbArgs,
cancellationToken).ConfigureAwait(false);
                }
                // Upload a file to bucket.
                var putObjectArgs = new PutObjectArgs()
                    .WithBucket(uploadFileArgs.BucketName)
                    .WithObject(uploadFileArgs.FileName)
                    .WithStreamData(uploadFileArgs.FileStream)
                    .WithObjectSize(uploadFileArgs.FileStream.Length)
                    .WithContentType(uploadFileArgs.ContentType);
                await client.PutObjectAsync(putObjectArgs,
```

```
cancellationToken).ConfigureAwait(false);
            var path = BuildPath(uploadFileArgs.BucketName, uploadFileArgs.FileName);
            _logger.LogInformation("Successfully Uploaded " + path);
            return new UploadFileResult { FilePath = path, Success = true };
        }
        catch (MinioException e)
        {
            _logger.LogError("File Upload Error: {0}", e.Message);
            return new UploadFileResult { Success = false };
        }
    }
    public async Task<DownFileResult>
Download(DownloadFileArgsdownloadFileArgs, CancellationTokencancellationToken
= default)
    {
        var client = await GetMinioClient();
        try
        {
            var stream = new MemoryStream();
            var args = downloadFileArgs.Path.Split("/");
            var getObjectArgs = new GetObjectArgs()
                .WithBucket(args[0])
                .WithObject(downloadFileArgs.Path.RemovePreFix($"{args[0]}/"))
                .WithCallbackStream(fs =>fs.CopyTo(stream))
                ;
            var response = await client.GetObjectAsync(getObjectArgs,
cancellationToken).ConfigureAwait(false);
            _logger.LogInformation("Successfully Download " +
downloadFileArgs.Path);
stream.Position = 0;
            return new DownFileResult { Stream = stream, Success = true,
FileName = response.ObjectName, ContentType = response.ContentType };
        }
        catch (MinioException e)
        {
            _logger.LogError("File Download Error: {0}", e.Message);
            return new DownFileResult { Success = false };
        }
    }
    public async Task<object>GetClient()
    {
        return await GetMinioClient();
    }
    public void ConfigureClient<T>(Action<T> configure)
```

```
        {
            if (typeof(T) == typeof(IMinioClient))
                Configure = configure as Action<IMinioClient>;
            else
                throw new Exception("MinioFileProviderConfigureClient Only Can Configure
Type With IMinioClient");
        }
        private async Task<IMinioClient>GetMinioClient()
        {
            var minioSetting = await GetSettings();
            var client = new MinioClient()
                .WithHttpClient(new HttpClient())
                .WithEndpoint(minioSetting["Endpoint"])
                .WithCredentials(minioSetting["AccessKey"], minioSetting["SecretKey"])
                .WithSessionToken(minioSetting["SessionToken"]);
            if (!string.IsNullOrWhiteSpace(minioSetting["Region"]))
            {
client.WithRegion(minioSetting["Region"]);
            }
            if (Configure != null)
            {
Configure.Invoke(client);
            }
            return client;
        }
        private async Task<Dictionary<string, string>>GetSettings()
        {
            var settings = await
_settingProvider.GetGolbalSettings("FileProvider");
            return settings.Where(a
=>a.Key.StartsWith("Minio")).ToDictionary(a =>a.Key.RemovePreFix("Minio."), a
=>a.Value);
        }
        private string BuildPath(string bucketName, string fileName)
        {
            return string.Join('/', bucketName, fileName);
        }
    }
}
```

这里定义 MinioFileStorageProvider 的 Name 是 Minio，用作标识。

Upload 和 Download 则是正常的使用 MinioClient 的上传下载操作。

GetClient( )返回一个 MinioClient 实例，用于做其他操作。

ConfigureClient 则是用来配置 MinioClient 实例，代码约定限制只支持 IMinioClient 的类型。GetSettings 则是从 SettingProvider 中获取 Minio 的配置信息。

▶▶ 19. 2. 6　FileStorageManage

基础的对接搭好了，现在来实现业务功能：上传、下载、分页查询。

```
using Wheel.Core.Dto;
using Wheel.DependencyInjection;
using Wheel.Services.FileStorageManage.Dtos;
namespace Wheel.Services.FileStorageManage
{
    public interface IFileStorageManageAppService : ITransientDependency
    {

Task<Page<FileStorageDto>>GetFileStoragePageList(FileStoragePageRequest
request);

Task<R<List<FileStorageDto>>>UploadFiles(UploadFileDtouploadFileDto);
        Task<R<DownloadFileResonse>>DownloadFile(long id);
    }
}

using Wheel.Const;
using Wheel.Core.Dto;
using Wheel.Core.Exceptions;
using Wheel.Domain;
using Wheel.Domain.FileStorages;
using Wheel.Enums;
using Wheel.FileStorages;
using Wheel.Services.FileStorageManage.Dtos;
using Path = System.IO.Path;
namespace Wheel.Services.FileStorageManage
{
    public class FileStorageManageAppService : WheelServiceBase,
IFileStorageManageAppService
    {
        private readonlyIBasicRepository<FileStorage, long>
_fileStorageRepository;
        public FileStorageManageAppService(IBasicRepository<FileStorage,
long>fileStorageRepository)
        {
            _fileStorageRepository = fileStorageRepository;
        }
```

```csharp
        public async
Task<Page<FileStorageDto>>GetFileStoragePageList(FileStoragePageRequest request)
        {
            var (items, total) = await _fileStorageRepository.GetPageListAsync(
                _fileStorageRepository.BuildPredicate(
                    (!string.IsNullOrWhiteSpace(request.FileName), f
=>f.FileName.Contains(request.FileName!)),
                    (!string.IsNullOrWhiteSpace(request.ContentType), f
=>f.ContentType.Equals(request.ContentType)),
                    (!string.IsNullOrWhiteSpace(request.Path), f
=>f.Path.StartsWith(request.Path!)),
                    (!string.IsNullOrWhiteSpace(request.Provider), f
=>f.Provider.Equals(request.Provider)),
                    (request.FileStorageType.HasValue, f
=>f.FileStorageType.Equals(request.FileStorageType))
                    ),
                (request.PageIndex -1) * request.PageSize,
request.PageSize,
request.OrderBy
                );
            return new
Page<FileStorageDto>(Mapper.Map<List<FileStorageDto>>(items), total);
        }
        public async
Task<R<List<FileStorageDto>>>UploadFiles(UploadFileDtouploadFileDto)
        {
            var files = uploadFileDto.Files;
            if (files.Count == 0)
                return new R<List<FileStorageDto>>(new());
IFileStorageProvider? fileStorageProvider = null;
            var fileStorageProviders =
ServiceProvider.GetServices<IFileStorageProvider>();
            if (string.IsNullOrWhiteSpace(uploadFileDto.Provider))
            {
fileStorageProvider = fileStorageProviders.First();
            }
            else
            {
fileStorageProvider = fileStorageProviders.First(a =>a.Name ==
uploadFileDto.Provider);
            }
            var fileStorages = new List<FileStorage>();
            foreach (var file in files)
            {
```

```
            var fileName = uploadFileDto.Cover ? file.FileName :
$"{Path.GetFileNameWithoutExtension(file.FileName)}-{SnowflakeIdGenerator.Create()}
{Path.GetExtension(file.FileName)}";
            var fileStream = file.OpenReadStream();
            var fileStorageType =
FileStorageTypeChecker.CheckFileType(file.ContentType);
            var uploadFileArgs = new UploadFileArgs
            {
BucketName = fileStorageType switch
                {
FileStorageType.Image => "images",
FileStorageType.Video => "videos",
FileStorageType.Audio => "audios",
FileStorageType.Text => "texts",
                    _ => "files"
                },
ContentType = file.ContentType,
FileName = fileName,
FileStream = fileStream
            };
            var uploadFileResult = await
fileStorageProvider.Upload(uploadFileArgs);
            if (uploadFileResult.Success)
            {
                var fileStorage = await
_fileStorageRepository.InsertAsync(new FileStorage
                {
                    Id = SnowflakeIdGenerator.Create(),
ContentType = file.ContentType,
FileName = file.FileName,
FileStorageType = fileStorageType,
                    Path = uploadFileResult.FilePath,
                    Provider = fileStorageProvider.Name,
                    Size = fileStream.Length
                });
                await _fileStorageRepository.SaveChangeAsync();
fileStorages.Add(fileStorage);
            }
        }
        return new
R<List<FileStorageDto>>(Mapper.Map<List<FileStorageDto>>(fileStorages));
    }
    public async Task<R<DownloadFileResonse>>DownloadFile(long id)
    {
```

```
            var fileStorage = await _fileStorageRepository.FindAsync(id);
            if(fileStorage == null)
            {
                throw new BusinessException(ErrorCode.FileNotExist, "FileNotExist")
                    .WithMessageDataData(id.ToString());
            }
            var fileStorageProvider =
ServiceProvider.GetServices<IFileStorageProvider>().First(a=>a.Name ==
fileStorage.Provider);
            var downloadResult = await fileStorageProvider.Download(new
DownloadFileArgs { Path = fileStorage.Path });
            if (downloadResult.Success)
            {
                return new R<DownloadFileResonse>(new DownloadFileResonse
{ ContentType = downloadResult.ContentType, FileName = downloadResult.FileName,
Stream = downloadResult.Stream });
            }
            else
            {
                throw new BusinessException(ErrorCode.FileDownloadFail,
"FileDownloadFail")
                    .WithMessageDataData(id.ToString());
            }
        }
    }
}
```

UploadFiles 时如果没有指定 Provider，则默认取依赖注入第一个 Provider，如果指定，则取
Provider。

```
using Microsoft.AspNetCore.Mvc;
namespace Wheel.Services.FileStorageManage.Dtos
{
    public class UploadFileDto
    {
        [FromQuery]
        public bool Cover { get; set; } = false;
        [FromQuery]
        public string? Provider { get; set; }
        [FromForm]
        public IFormFileCollection Files { get; set; }
    }
}
```

这里上传参数定义，Cover 表示是否覆盖源文件，Provider 表示指定哪种存储服务。Files 则

是从 Form 表单中读取文件流。

接下来把 Service 封装成 API 对外。

```csharp
using Microsoft.AspNetCore.Mvc;
using Wheel.Core.Dto;
using Wheel.Services.FileStorageManage;
using Wheel.Services.FileStorageManage.Dtos;
namespace Wheel.Controllers
{
    /// <summary>
    /// 文件管理
    /// </summary>
    [Route("api/[controller]")]
    [ApiController]
    public class FileController : WheelControllerBase
    {
        private readonlyIFileStorageManageAppService _fileStorageManageAppService;
        public FileController(IFileStorageManageAppServicefileStorageManageAppService)
        {
            _fileStorageManageAppService = fileStorageManageAppService;
        }
        /// <summary>
        /// 分页查询列表
        /// </summary>
        /// <param name="request"></param>
        /// <returns></returns>
        [HttpGet]
        public Task<Page<FileStorageDto>>GetFileStoragePageList([FromQuery]
FileStoragePageRequest request)
        {
            return _fileStorageManageAppService.GetFileStoragePageList(request);
        }
        /// <summary>
        /// 上传文件
        /// </summary>
        /// <param name="uploadFileDto"></param>
        /// <returns></returns>
        [HttpPost]
        public Task<R<List<FileStorageDto>>>UploadFiles(UploadFileDtouploadFileDto)
        {
            return _fileStorageManageAppService.UploadFiles(uploadFileDto);
        }
        /// <summary>
        /// 下载文件
```

```
///   </summary>
///   <param name="id"></param>
///   <returns></returns>
[HttpGet("{id}")]
public async Task<IActionResult>DownloadFile(long id)
{
    var result = await _fileStorageManageAppService.DownloadFile(id);
    return File(result.Data.Stream, result.Data.ContentType,
result.Data.FileName);
    }
  }
}
```

DownloadFile 返回一个 FileResult，浏览器会自动下载。

▶▶ 19.2.7 测试

这里使用本地的 Minio 服务进行测试。

如图 19-2 所示，进行查询。

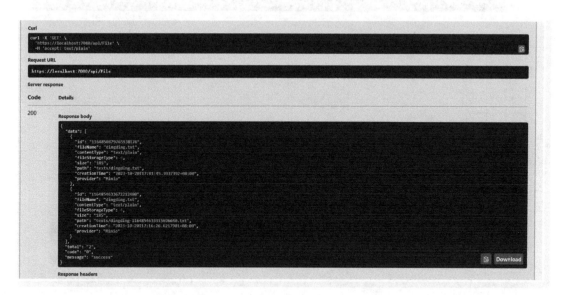

• 图 19-2

如图 19-3 所示，进行上传。

可以看到 FileName 和 Path 不一样，默认不覆盖的情况下，所有文件在后面自动拼接雪花 Id。

如图 19-4 所示，进行下载。

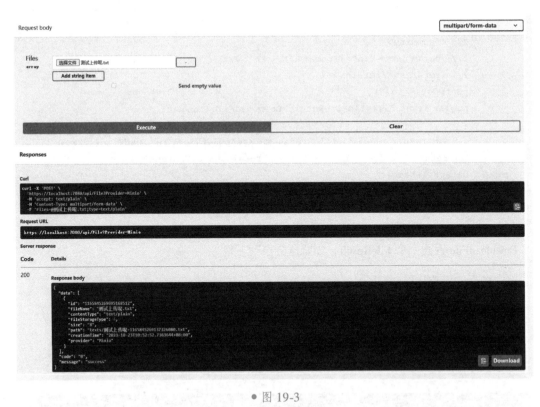

● 图 19-3

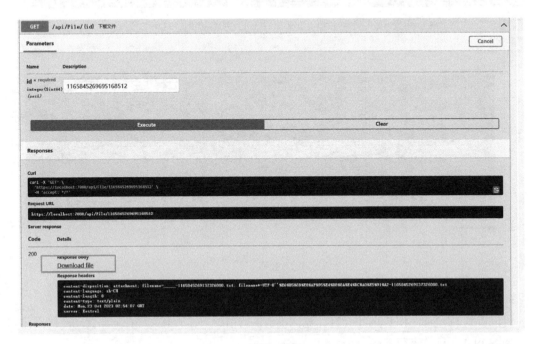

● 图 19-4

这里 swagger 可以看到有一个 Download file，点击即可下载，如图 19-5 与图 19-6 所示。

● 图 19-5

● 图 19-6

测试顺利完成，到这里就完成文件管理功能了。

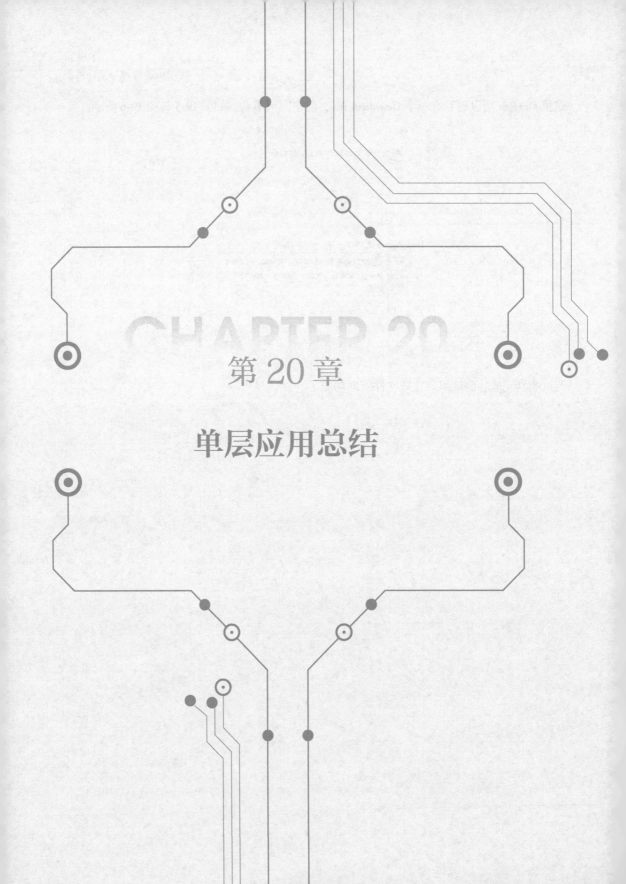

第 20 章

单层应用总结

在前面我们一起探讨了单层应用，从基础设施的建设到实现各种业务功能，单层应用经历了一次又一次的进化。让我们来回顾一下所实现的一些重要功能。

首先，在基础设施方面取得了巨大的进展。实现了自动依赖注入，这个神奇的技术让我们能够轻松管理各个模块之间的依赖关系，提高了代码的可维护性和扩展性。同时，还集成了 Serilog 日志，这为应用提供了详尽的运行日志，便于快速定位和解决问题。

另外，我们引入了统一的业务异常处理和请求响应格式，这使得应用在面临异常情况时，能够更加优雅和友好地向用户返回错误信息，提升了用户体验。我们还集成缓存和扩展了 IDistributedCache 缓存功能，更方便地操作和缓存常用数据，我们能够提升应用的响应速度和性能。ORM 集成和 Identity 集成则使得数据库操作和用户认证变得更加简洁和高效。

除此之外，还完成了自定义授权策略、EventBus、消息实时推送、种子数据、GraphQL 等功能的集成。

除了基础设施，还实现了许多核心的业务功能。权限管理、多语言管理、用户管理、角色管理和设置管理等功能让我们能够更好地管理用户和权限，保证应用的安全性和可控性。另外，文件管理功能使得我们能够方便地上传、下载和管理文件，方便了用户的操作。

回看最初的模样，如图 20-1 所示。

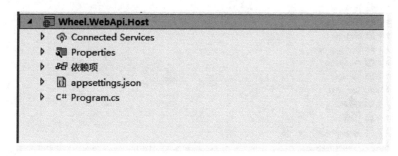

● 图 20-1

再看看现在的模样，如图 20-2 所示。

可以看到跟最初的模样比较，目录结构已经变得很复杂了。随着项目的不断发展，添加了各种功能和模块，让项目逐渐具备了实际的业务价值。经过了一系列的开发和迭代，为项目增加了丰富的功能。

单层应用在基础设施和业务功能方面都取得了可喜的进展。这些功能的实现不仅提升了用户体验，还为项目的未来发展奠定了坚实的基础。

然而，随着应用的不断发展，单层应用已经逐渐迎来了挑战和限制。为了更好地应对日益增长的业务需求和保持应用的可维护性，需要考虑将单层应用升级为多层应用。

无论是在基础设施还是业务功能方面，单层应用已经取得了显著的进展。然而，我们要不断进化和提升，才能跟上互联网行业的步伐。

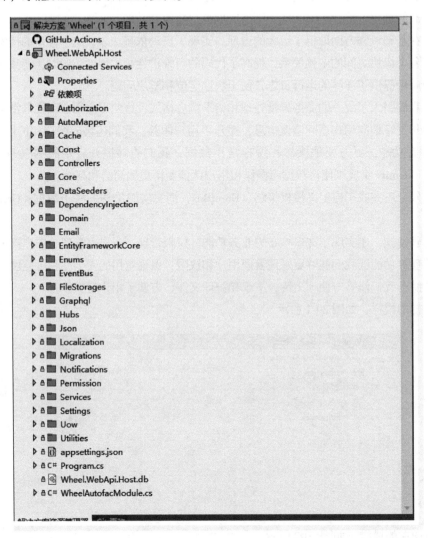

• 图 20-2